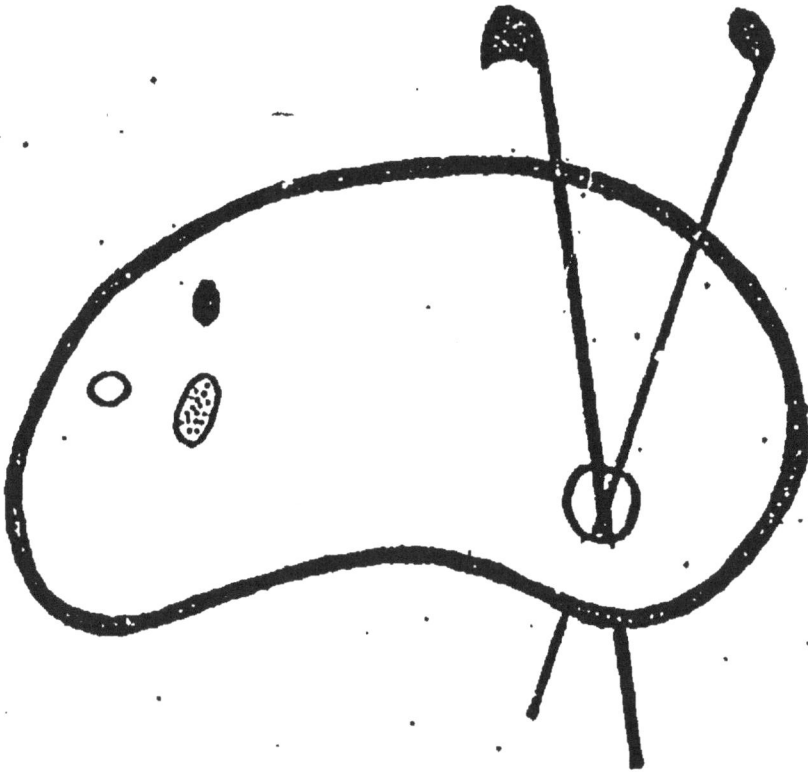

DEBUT D'UNE SERIE DE DOCUMENTS
EN COULEUR

DES
DENSITÉS DE VAPEURS
AU POINT DE VUE CHIMIQUE

THÈSE

PRÉSENTÉE ET SOUTENUE AU CONCOURS DE L'AGRÉGATION

(SECTION DE CHIMIE)

PAR

PAUL CAZENEUVE

Licencié ès sciences naturelles, Docteur en médecine
Pharmacien de 1re classe
Maître de conférence à la Faculté de Médecine de Lyon
Chef du laboratoire de Chimie de la Clinique médicale (Hautes études)

PARIS

LIBRAIRIE GERMER BAILLIÈRE ET Cie

108, BOULEVARD SAINT-GERMAIN

Au coin de la rue Hautefeuille

1878

LIBRAIRIE GERMER BAILLIÈRE et Cⁱᵉ.

BÉRAUD (B.-J.) ET ROBIN. — MANUEL DE PHYSIOLOGIE DE L'HOMME ET DES PRINCIPAUX VERTÉBRÉS. 2 vol. gr. in-18, 2ᵉ édition entièrement refondue . . . . 12 fr. »

BÉRAUD (B.-J.) ET VELPEAU. — MANUEL D'ANATOMIE CHIRURGICALE GÉNÉRALE ET TOPOGRAPHIQUE, 1862, 2ᵉ édit. 1 vol. in-8º de 622 p. 7 fr. »

BERNARD (CLAUDE). — LEÇONS SUR LES PROPRIÉTÉS DES TISSUS VIVANTS faites à la Sorbonne, rédigées par Émile Alglave, avec 94 fig. dans le texte. 1866, 1 vol. in-8º. . . . . 8 fr. »

BERNSTEIN. — LES SENS. 1 vol. in-8º de la *Bibliothèque scient. intern.*, avec fig. Cart. 6 fr. »

BERTHELOT. — LA SYNTHÈSE CHIMIQUE. 1 v. in-8º, 2ᵉ éd. 1876, cart. 6 fr. »

BINZ. — ABRÉGÉ DE MATIÈRE MÉDICALE ET DE THÉRAPEUTIQUE, traduit de l'allemand par MM. Alquier et Courbon. 1872, 1 vol. in-12 de 335 p. 2 fr. 50

BLANCHARD. — LES MÉTAMORPHOSES, LES MŒURS ET LES INSTINCTS DES INSECTES, par M. Émile Blanchard, de l'Institut, professeur au Muséum d'histoire naturelle. 1877, 2ᵉ édit. 1 magnifique vol. grand in-8º jésus avec 160 fig. intercal. dans le texte et 40 gr. pl. hors texte. Broché, 25 fr. — Relié demi-maroquin. . . . . 30 fr. »

BOCQUILLON. — MANUEL D'HISTOIRE NATURELLE MÉDICALE. 1818, 1 vol. gr. in-18, en deux parties, avec 415 figures. . . . . 14 fr. »

BOUCHARDAT. — MANUEL DE MATIÈRE MÉDICALE, DE THÉRAPEUTIQUE, ET DE PHARMACIE. 1873, 5ᵉ édit. deux vol. in-8º. . . . . . 16 fr. »

CORNIL. — LEÇONS ÉLÉMENTAIRES D'HYGIÈNE PRIVÉE. 1873, 1 vol. in-18 . . . . 2 fr. 50

GRÉHANT. — TABLEAU D'ANALYSE CHIMIQUE, conduisant à la détermination de la base et de l'acide d'un sel inorganique isolé, avec les couleurs caractéristiques des précipités. 1862, in-4º, cartonné. . . . . 3 fr. 50

GRÉHANT. — MANUEL DE PHYSIQUE MÉDICALE. 1 vol. grand in-18, avec 469 figures dans le texte. . . . . 7 fr. »

GRIMAUX. — CHIMIE ORGANIQUE ÉLÉMENTAIRE, leçons professées à la Faculté de médecine. 1877, 1 vol. in-18, 2ᵉ édition. . . . . . . 5 fr. »

GRIMAUX. — CHIMIE INORGANIQUE ÉLÉMENTAIRE, leçons professées à la Faculté de médecine. 1877, 2ᵉ édit. 1 vol. in-18 avec figures. . . . 5 fr. »

RICHET (CH.). — DU SUC GASTRIQUE, ses propriétés chimiques et physiologiques, 1 vol. grand in-8º. . . . . 4 fr. 50

DE QUATREFAGES. — L'ESPÈCE HUMAINE, 1 vol. in-8º, de la *Bibl. scient. intern.* 4ᵉ édition, 1878. . . . . 6 fr. »

RICHE. — MANUEL DE CHIMIE MÉDICALE. 1873, 3ᵉ édition, 1 vol. in-18, avec 200 figures dans le texte. . . . . 8 fr. »

SCHUTZENBERGER. — LES FERMENTATIONS, avec figures dans le texte, 1 vol. in-8º, 3ᵉ édition, 1878, cartonné. . . . . 6 fr. »

TYNDALL. — LES GLACIERS ET LES TRANSFORMATIONS DE L'EAU. 1873, 1 vol. in-8º de la *Bibliothèque scientifique internationale* avec figures. Cartonné. 2ᵉ édition, 1876. . . . . 6 fr. »

SMEE. — MON JARDIN. Géologie, botanique, histoire naturelle, culture, traduit sur la 2ᵉ édition anglaise par Ed. Barbier. 1 magnifique volume grand in-8º jésus, contenant 1,300 gravures et 25 planches hors texte (1876), broché. 15 fr. » Cartonnage riche, tranches dorées. . . . . 20 fr. »

VAN BENEDEN. — LES COMMENSAUX ET LES PARASITES DU RÈGNE ANIMAL. 1875, 1 vol. in-8º avec figures, de la *Bibliothèque scientifique internationale*. Cartonné. 6 fr. »

VOGEL. — LA PHOTOGRAPHIE ET LA CHIMIE DE LA LUMIÈRE. 1 vol. in-8º, de la *Bibliothèque scientifique internationale*, avec fig. Cart. . . . 6 fr. »

WURTZ. — LA THÉORIE ATOMIQUE. 1 vol. in-8º, 1878. . . . 6 fr. »

PARIS. — Impr. J. CLAYE. — A. QUANTIN et Cⁱᵉ, rue Saint-Benoît.

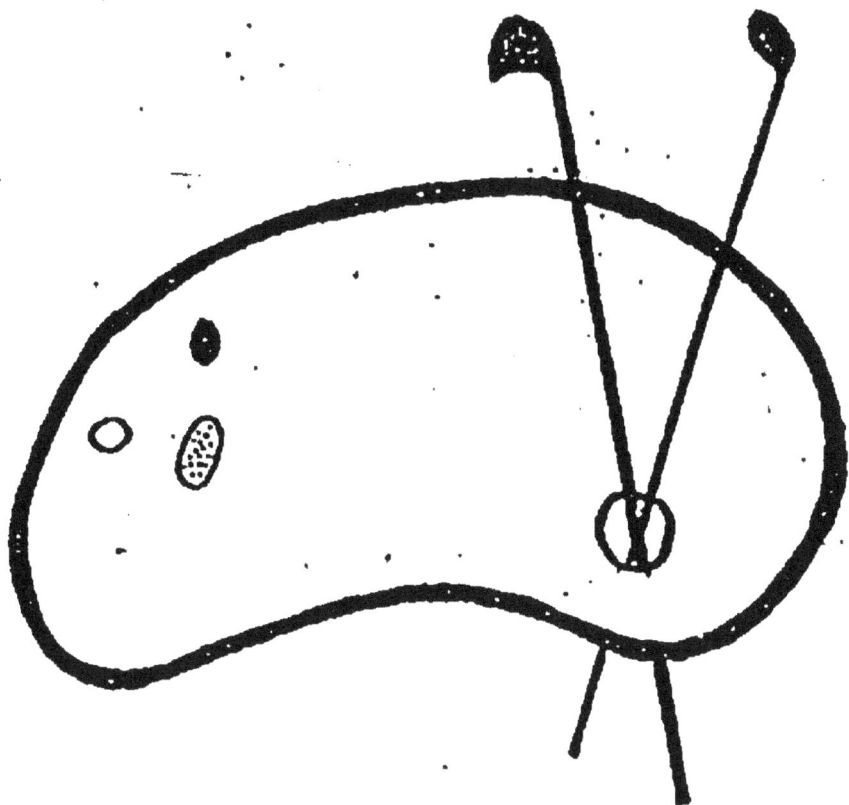

FIN D'UNE SERIE DE DOCUMENTS
EN COULEUR

DES

DENSITÉS DE VAPEURS

AU POINT DE VUE CHIMIQUE

DU MÊME AUTEUR

Sur une falsification du lycopode. (*Répertoire de pharmacie*, année 1873, p. 630.)

Étude histochimique sur les écorces d'angusture vraie et d'angusture fausse. (*Répertoire de pharmacie*, année 1874, p. 263.)

Recherches chimiques sur le contenu des kystes spermatiques. (*Journal de la physiologie et de l'anatomie* de Ch. Robin, 1874.)

Sur la cannelle dite de Padang. (*Répertoire de pharmacie*, année 1874.)

Recherches chimiques sur le contenu des kystes colloïdes, en collaboration avec A. Gautier et Daremberg. (*Société de biologie*, 1874, et *Répertoire de pharmacie*, 1874, p. 353.)

Note sur l'appareil A. Gautier pour la préparation de l'acide cyanhydrique anhydre. (*Répertoire de pharmacie*, année 1874, p. 550.)

Recherches chimiques sur l'hématine. (*Journal de l'anatomie et de la physiologie* de Ch. Robin, n° de mai 1875.)

Réflexions critiques sur l'acide cyanhydrique. (*Répertoire de pharmacie*, année 1875, p. 225.)

Réflexions critiques sur la coagulation du sang. (*Répertoire de pharmacie*, mai et juin 1875.)

Recherches chimiques sur le bois d'acajou, en collaboration avec M. Latour, pharmacien en chef de l'hôpital militaire Saint-Martin. (*Répertoire de pharmacie*, juillet 1875, et *Bulletin de la Société chimique*, août 1875.)

Recherches et extraction des alcaloïdes. (*Thèse de pharmacie*, broch. de 96 p., avec planche, 1875, chez Delahaye.)

Métallisation des substances organiques pour les rendre aptes à recevoir les dépôts galvaniques. (*Comptes rendus de l'Académie des sciences*, t. LXXXII, p. 1341, 1876.)

Recherches de chimie médicale sur l'hématine. (*Thèse de médecine*, broch. de 86 p., avec planches, chez Masson, 1876.)

Action de l'hydrosulfite de soude sur l'hématine. (*Comptes rendus de l'Académie des sciences*, 1877, *Bulletin de la Société chimique*, 1877, p. 258, t. I.)

Recherches sur l'hématine. (*Bulletin de la Société chimique*, 1877, p. 485, t. I.)

Extraction de la caféine. (*Bulletin de la Société chimique*, 1877, p. 499, t. I, en collaboration avec O. Caillol.)

Extraction et dosage de la pipérine. (*Bulletin de la Société chimique*, 1877, p. 290, t. I, en collaboration avec O. Caillol.)

Nouveau digesto-extracteur. (*Journal de pharmacie et de chimie*, 1877, en collaboration avec O. Caillol.)

Étude critique et expérimentale sur les métamorphoses de la matière colorante du sang. (*Tribune médicale*, 1877.)

Nouvelles recherches sur la fermentation ammoniacale de l'urine et la génération spontanée. (*Revue mensuelle de médecine et de chirurgie*, octobre 1877, en collaboration avec le Dr Ch. Livon, professeur à l'école de médecine de Marseille.)

Recherches expérimentales sur la fermentation ammoniacale de l'urine. (*Revue mensuelle de médecine et de chirurgie*, 1878.) 2e mémoire.

DES
DENSITÉS DE VAPEURS
AU POINT DE VUE CHIMIQUE

THÈSE

PRÉSENTÉE ET SOUTENUE AU CONCOURS DE L'AGRÉGATION

(SECTION DE CHIMIE)

PAR

PAUL CAZENEUVE

Licencié ès sciences naturelles, Docteur en médecine
Pharmacien de 1re classe
Maître de conférence à la Faculté de Médecine de Lyon
Chef du laboratoire de Chimie de la Clinique médicale (Hautes études)

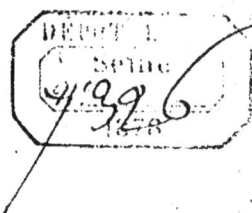

PARIS

LIBRAIRIE GERMER BAILLIÈRE ET Cie

108, BOULEVARD SAINT-GERMAIN
Au coin de la rue Hautefeuille

1878

JUGES DU CONCOURS

MM. VULPIAN, *président.* SAPPEY.
 BAILLON.   GRIMAUX *(agrégé)*.
 BÉCLARD.   POGGIALE *(Académie de médecine)*.
 GAVARRET.   RITIER (Nancy).
 ROBIN.

CANDIDATS

ANATOMIE ET PHYSIOLOGIE	SCIENCES NATURELLES	CHIMIE	PHYSIQUE
MM. BIMAR.	AMAGAT.	CAZENEUVE.	CHARPENTIER.
COUTY.	BLEICHER.	HENNINGER.	
LANNEGRASSE.	MAGNIN.	PRUNIER.	
RÉMY.			
RICHET.			

DES

DENSITÉS DE VAPEURS

AU POINT DE VUE CHIMIQUE

AVANT-PROPOS

Nous avons voulu montrer dans ce travail les conséquences logiques qui découlent, au point de vue philosophique, de l'étude des vapeurs et de leurs densités. Cette étude permet d'arriver à une conception rationnelle de la constitution de la matière. Elle a fait naître l'idée de *molécule*, comme la loi des proportions définies avait fait naître l'idée *d'atome*. Elle donne la notion de grandeur moléculaire, qui est si précieuse en chimie organique pour traduire d'une manière rigoureuse les réactions chimiques; autrement dit, elle apporte une base à la notion d'équivalence, qui reste souvent sans fil conducteur.

Dans un premier chapitre, nous avons jeté un coup d'œil d'ensemble sur les modifications que la matière subit sous l'influence de la chaleur, en mettant en relief les faits importants et fondamentaux. Nous avons insisté particulièrement sur la combinaison des vapeurs et leur dissociation. Toutes les opinions ont été rapportées avec soin, par cela même que les déductions souvent opposées qu'on a tirées, servent de base à des conceptions différentes de l'acte de la combinaison chimique, conceptions qui laisseront leur trace dans l'histoire de la science. Hâtons-nous de dire que nous nous sommes laissé aller à dégager des discussions les conclusions qui nous ont paru rationnelles d'après les dernières recherches scientifiques. Dans ce premier chapitre, autant que possible nous avons été sobres d'hypothèses et de théories. A peine avons-nous formulé sur la constitution des gaz et des vapeurs les idées imagées qu'on peut admettre pour expliquer les faits, sans contrevenir aux exigences de la pure expérience.

Une base expérimentale était nécessaire pour aborder le côté spéculatif de notre travail. Il nous fallait d'abord des faits, des expériences ; car c'est à la clarté des expériences que les théories se fondent et s'établissent, et leurs droits veulent être longuement discutés. Nous pouvions marcher alors sur un terrain sûr, et aborder notre second chapitre sur les conséquences chimiques à tirer des données expérimentales.

Partant de la loi de Gay-Lussac sur la combinaison des corps en volumes, partant de l'hypothèse d'Avogadro reprise par Ampère sur la composition des gaz et des vapeurs, nous avons suivi, à travers l'histoire, le progrès des idées chimiques sur cette question, pour la présenter définitivement élaborée par les partisans actuels de la théorie atomique. Nous avons montré comment avait pris naissance un nouveau système de notation, en définitive plus rationnel que la notation en équivalent, puisqu'elle dit plus que cette dernière. La notation atomique tient compte non-seulement de la loi des proportions définies et de la loi des proportions multiples, non-seulement de la loi de l'isomorphisme, et finalement des analogies chimiques, mais encore des données de la physique. C'est là le point litigieux qui divise à l'heure actuelle les équivalentistes et les atomistes. Les données de la physique doivent-elles être rejetées, ou doivent-elles être conservées, apportant aux données chimiques de précieux secours pour concevoir la constitution des corps, et l'exprimer dans un langage ?

Au milieu de la divergence des opinions, nous avons exprimé notre manière de voir avec cette réserve que devait nous dicter, en une matière aussi délicate, le souvenir des débats agités entre les maîtres les plus illustres.

Notre travail se termine par un appendice dans lequel nous avons consigné les procédés physiques à l'aide desquels, d'après les travaux récents, on peut résoudre le problème important de l'évaluation des densités de vapeur.

CHAPITRE PREMIER

ÉTUDE PHYSICO-CHIMIQUE DES VAPEURS

L'expérience a permis d'établir que la matière peut revêtir trois formes principales : la forme solide, la forme liquide, la forme gazeuse. Une température élevée, un froid intense aidé ou non de la pression, permettent de faire passer la matière par ces trois états. Ces changements d'état physique, tous les physiciens s'accordent à le reconnaître, sont essentiellement liés aux mouvements moléculaires, à l'amplitude des oscillations des particules des corps. La chaleur agit-elle sur un corps solide, les mouvements vibratoires dont les particules sont animées, tendent à augmenter. Les particules tendent à s'écarter les unes des autres, le corps se dilate. Mais la cohésion enchaîne encore ces particules. La température s'élève-t-elle davantage, les liens qui enchaînent les molécules finissent par être rompus. Le corps est liquéfié; les molécules peuvent glisser les unes sur les autres en quelque sorte. La cohésion n'est pas encore détruite, mais elle est tellement modifiée, qu'en même temps que les particules offrent encore de la résistance à leur séparation absolue, leur mobilité tangentielle à la surface les unes des autres ne rencontre aucun obstacle.

Les entraves de la cohésion pourront être brisées par une nouvelle élévation de température, les particules s'isoleront en quelque sorte, l'état gazeux apparaîtra. Cet état, moins compliqué assurément que l'état solide, présente pour tous les corps quelque chose de bien plus uniforme, de bien plus comparable. Tous sont caractérisés par un espacement considérable des molécules, animées de mouvements de projection, de mouvements rotatoires. Les forces attractives inter-moléculaires sont en quelque sorte annihilées[1].

Ces considérations ont une si grande importance qu'elles nous expliquent pourquoi les gaz se comportent d'une façon parallèle et identique en quelque sorte, sous l'influence de la chaleur ou de la pression. Les gaz se dilatent parallèlement sous l'influence de la chaleur; ils se contractent parallèlement sous l'influence du froid ou de la pression. Ces faits sont rigoureusement vrais *lorsque les gaz sont suffisamment éloignés de leur point de liquéfaction*, c'est-à-dire lorsque les attractions inter-moléculaires sont complétement détruites, grâce à la vitesse dont sont animées les molécules, grâce à la distance qui les sépare. Un gaz voisin de son point de liquéfaction est ce qu'on appelle une vapeur, chez laquelle l'énergie et l'amplitude des excursions moléculaires sont amoindries, chez laquelle les forces attractives ont repris leur empire au préjudice de la mobilité du système.

Prenons donc une vapeur loin de son point de liquéfaction, c'est-à-dire un corps dont les particules sont indépendantes en quelque sorte, et suivons les phénomènes physico-chimiques dont elle est le siége. Nous pourrons arriver ainsi à établir des phénomènes parallèles dans le domaine physique et chimique, puisque nous avons pris les particules soustraites aux conditions complexes qui président à l'état des corps solides ou liquides·

Ces points sont très-importants à étudier. Une fois les propriétés physico-chimiques de ces vapeurs parfaitement connues, nous pourrons tirer profit de leurs densités[2], arriver à des induc-

1. Dans le cours de ce chapitre, nous emploierons indifféremment le mot particule ou molécule pour désigner les parties élémentaires des vapeurs, quelle que soit leur véritable nature, point sur lequel nous nous étendrons plus tard.

2. Par densité de vapeur, on entend le rapport qui existe entre le poids d'un volume donné de cette vapeur et le poids d'un égal volume d'air dans les mêmes conditions de température et de pression.

Représentons par P' le poids de la vapeur, par P le poids d'un égal

tions probables sur la constitution de la matière ; nous pourrons édifier une théorie chimique et parler un langage rationnel.

PROPRIÉTÉS DES VAPEURS. — L'action de la pression et surtout l'action de la chaleur sur les vapeurs nous offrent un champ d'études très-vaste, bien fait pour éclairer leur constitution.

Nous serons très-rapides sur l'action de la pression. Mariotte a découvert une loi fondamentale : *les gaz diminuent de volume proportionnellement à la pression qu'ils supportent.* Cette loi est sensiblement vraie pour les gaz ou vapeurs suffisamment éloignés de leur point de liquéfaction. Dès que les attractions inter-moléculaires s'exercent, que la vapeur approche de l'état de liquéfaction, les perturbations deviennent sensibles.

volume d'air, l'expression $\frac{P'}{P}$ représentera la densité D de cette vapeur.

$$D = \frac{P'}{P}$$

Rien n'est plus facile que de calculer le poids P d'un égal volume d'air à la même température et sous la même pression.

Admettons que la vapeur dont nous connaissons le poids P' occupe un volume V à t° (température) et à H (pression), la question se réduit à celle-ci : quel est le poids P d'air présentant un volume V à t° et H (pression)? Ce poids est évidemment :

$$P = V\ 0,001293 \times \frac{1}{1 + at} \times \frac{H}{760}$$

Au lieu d'écrire $D = \frac{P'}{P}$ nous écrirons :

$$D = \frac{P'}{V\ 0,001293 \times \dfrac{1}{1 + at} \times \dfrac{H}{760}}$$

ou en simplifiant l'expression :

$$D = \frac{P'\ (1 + at)\ 760}{V\ 0^{gr},001293\ H}$$

Telle est la formule générale qui s'applique aux densités de vapeur. Deux termes sont inconnus dans cette formule P' et V. Divers procédés d'expérimentation sont mis en œuvre pour trouver ces inconnues.

Nous renvoyons à l'appendice qui termine notre mémoire, pour la description de ces procédés.

L'action de la chaleur sur les vapeurs appellera plus particulièrement notre attention.

La chaleur fait passer les corps, nous l'avons dit, de l'état liquide à l'état de vapeur. S'exerçant sur cette vapeur, elle la dilate. Cette dilatation répond sensiblement à une loi formulée par Gay-Lussac : *pour des accroissements égaux de température, les vapeurs se dilatent de la même quantité.*

Cette loi souffre assurément de nombreuses exceptions. Pour les gaz liquéfiables à de très-basses températures tels que l'acide carbonique, l'hydrogène, l'air, la loi ne présente pas déjà une rigueur mathématique. On sait (Magnus et Regnauld) que l'acide carbonique a un coefficient de dilatation plus grand quecelui de l'air [1] ; que l'hydrogène a un coefficient de dilatation plus petit :

$$\text{Coefficient de dilatation de } CO^2 = 0,00369$$
$$\text{—} \qquad \text{—} \qquad H = 0,00365$$

On voit que cette différence très-faible porte atteinte au caractère absolu de la loi, sans ébranler sa portée relative si remarquable.

Les vapeurs prises à un degré suffisamment éloigné de leur point de liquéfaction subissent aussi un accroissement de volume, sensiblement suivant la loi de Gay-Lussac. Si la vapeur est formée par un corps composé, au lieu de l'être par un corps simple, des anomalies apparaissent souvent. La vapeur d'acide acétique, comme nous le verrons, présente, par exemple, de singulières irrégularités. Les vapeurs de bromhydrate d'amylène, de perchlorure de phosphore nous offrent des anomalies. Ces dérogations éclatantes à la loi de Gay-Lussac s'expliqueront lorsque nous saurons que l'action de la chaleur est ici complexe. Cet agent ne se borne plus à produire une dilatation, un phénomène purement physique, il rompt l'équilibre des éléments liés par l'affi-

---

· 1. On appelle coefficient de dilatation la quantité dont augmente l'unité de volume d'un gaz ou vapeur lorsqu'on élève sa température de 1°.

nité. Nous donnerons plus loin des développements à ces considérations d'une si haute importance. Quelques corps dit simples, soufre, oxygène ozonifié, semblent échapper aussi à la loi de Gay-Lussac. A 250° l'ozone, à 500° le soufre présentent des anomalies frappantes. Ces perturbations rentrent dans le cadre de celles des vapeurs composées. L'ozone, le soufre ne sont pas des éléments simples. L'oxygène est combiné avec lui-même dans l'ozone, le soufre est combiné avec lui-même dans la vapeur de soufre, comme le carbone, l'hydrogène, l'oxygène le sont dans l'acide acétique, comme le gaz bromhydrique l'est avec l'amylène dans le bromhydrate d'amylène. Cette conception, qui peut paraître mystique au premier abord, est un mode logique de se rendre compte des faits ; son caractère métaphysique n'en a pas moins un avantage précieux pour l'esprit, qui trouve un élément de force dans les rapprochements opportuns et rationnels.

Les quelques faits que nous venons de rappeler, nous montrent que l'action de la chaleur sur les vapeurs s'exerce d'une façon complexe. Nous allons pousser notre analyse un peu plus loin.

Nous donnons de la chaleur à une vapeur : elle se dilate, les particules s'écartent (1er travail effectué); les particules sont ensuite animées de mouvements propres, qui augmentent avec de nouvelles quantités de chaleur, comme la dilatation augmente d'ailleurs (2e travail effectué); enfin les particules elles-mêmes subissent des mouvements propres qui s'effectuent dans leur intérieur (3e travail effectué).

Autrement dit, la chaleur est un mode de mouvement qui, intéressant les particules gazeuses, transmet ses vibrations propres au système, suivant trois modes : travail de dilatation, travail de vibration extra-moléculaire (élévation de température propre), travail de vibration intra-moléculaire (mouvement des éléments de la molécule).

Nous venons de présenter un schéma théorique, en quelque sorte de l'action de la chaleur sur les particules gazeuses.

Évitant toute considération mathématique ou de haute physique, pour ne point perdre de vue l'objet de notre travail, nous avons voulu simplement fixer les idées. Nous savons maintenant ce que l'on appellera chaleur spécifique d'une vapeur : la quantité de chaleur qu'il faut donner à l'unité de volume d'une vapeur, pour que la température s'élève de $1°$. Cette quantité de chaleur, cette somme de mouvement s'est répartie suivant les trois modes analysés plus haut. Lorsque l'un de ces modes l'emportera sur l'autre, des anomalies de la loi de Gay-Lussac apparaîtront. Le mouvement intra-moléculaire, par exemple, aboutira à une rupture des éléments de la molécule ; le bromhydrate d'amylène se partagera en acide bromhydrique et en amylène, etc., etc. Mais laissons de côté ces développements métaphysiques qui trouveront mieux leur place plus loin, lorsque nos données expérimentales seront mieux assises.

Supposons maintenant, non plus une vapeur simple ou complexe, mais un mélange de vapeurs.

MÉLANGE DE VAPEURS. — Deux gaz ou deux vapeurs différents sont-ils mis en présence, ils se mélangent (j'excepte pour l'instant le cas où ils se combinent).

Les particules gazeuses différentes se transportent les unes vers les autres jusqu'à mélange complet. C'est là le phénomène *de diffusion*, qui est dû à cette tendance que possèdent les gaz ou vapeurs d'occuper tout l'espace qui est offert à leur expansion.

L'expérience apprend que *la force élastique du mélange est toujours égale à la somme des forces élastiques des gaz mélangés, rapportés chacun au volume total, conformément à la loi de Mariotte.* C'est là la loi de Dalton, d'où résulte que *dans un mélange de plusieurs gaz, la pression exercée par chacun d'eux est la même que s'il occupait seul le volume total.*

Cette loi de Dalton n'offre pas un caractère absolu, elle est d'autant plus relative que l'on a affaire à des vapeurs mélangées, provenant de liquides solubles les uns dans les autres. Dans ces cas particuliers, la force élastique du mélange est toujours infé-

rieure à celle de chacun des liquides isolés. Ainsi, un mélange
de vapeur d'éther et d'alcool possède une tension plus petite que
celle de la vapeur d'éther et que celle de la vapeur d'alcool à
la même température. Quand les liquides mélangés se dissol-
vent mutuellement, il se produit entre les particules de leurs
vapeurs des attractions réciproques qui doivent nécessairement
diminuer la force expansive du mélange gazeux.

Mais si nous prenons l'eau et le sulfure de carbone, par
exemple, que nous les réduisions en vapeur, la force élastique
de la vapeur fournie par le mélange est égale à celle de chacun
des liquides pris à la même température.

Dans ce dernier cas, la loi de Dalton n'est pas encore absolument vraie, mais elle est vraie dans des limites qui autorisent
la méthode de diffusion pour apprécier certaines densités de
vapeurs anormales, comme nous le verrons plus loin.

Supposons maintenant un mélange de vapeurs qui puissent
se combiner. A une certaine température, variable pour chacune
d'elles, nous verrons apparaître ce phénomène. La chaleur donne
à chacune de ces vapeurs un ensemble de mouvements qui dispa-
raissent tout à coup pour se traduire sous une autre forme (chaleur,
lumière, électricité). On dit alors que l'affinité est satisfaite.

Cette combinaison des vapeurs entre elles, est une des faces
de l'acte plus général de la combinaison des corps entre eux.

Une loi fondamentale est à la base de toute la chimie.

Les corps se combinent suivant des proportions fixes.

Elle a été rigoureusement établie par Proust, à la suite de
Wenzel et surtout de Richter, et cela en dépit des objections de
Berthollet. La notion de nombre proportionnel, présidant aux
combinaisons chimiques, est sortie indiscutable des analyses de
Proust, de Dalton, de Wollaston et finalement de Stas, qui a
achevé de lui donner ses assises inébranlables.

Dalton avait confirmé la loi de Proust dans les combinaisons
gazeuses. Leur étude approfondie lui permit de découvrir une
autre loi fondamentale, celle des proportions multiples. *Lors-*

qu'un corps forme avec un autre plusieurs combinaisons, le poids de l'un d'eux étant considéré comme constant, les poids de l'autre varient suivant des rapports numériques très-simples : 1 à 2, 1 à 3, 1 à 4, etc.

Les choses en étaient là au commencement de ce siècle, lorsque Gay-Lussac porta précisément son attention sur la combinaison des gaz entre eux, sur les rapports volumétriques suivant lesquels les gaz se combinent entre eux.

Les rapports en volumes suivant lesquels les gaz hydrogène et oxygène se combinent pour former de l'eau, n'étaient pas fixés avec certitude. On avait admis tour à tour que cette combinaison s'effectuait dans le rapport de 12 volumes d'oxygène à 23 volumes d'hydrogène, de 100 volumes d'oxygène à 205 volumes d'hydrogène, de 72 volumes d'oxygène à 143 volumes d'hydrogène. Gay-Lussac démontra en 1805, en collaboration avec A. Humboldt, que les deux gaz se combinent exactement dans le rapport de 1 volume à 2 volumes de l'autre.

Généralisant cette observation, Gay-Lussac fit voir en 1809 qu'il existe un rapport simple non-seulement entre les volumes des deux gaz qui se combinent, mais encore entre la somme des volumes des gaz qui entrent en combinaison et le volume qu'occupe la combinaison elle-même, prise à l'état gazeux.

Ainsi, 2 volumes d'hydrogène s'unissent à 1 volume d'oxygène pour former 2 volumes de vapeur d'eau.

2 volumes d'azote sont combinés à 1 volume d'oxygène dans 2 volumes de protoxyde d'azote.

Dans ces deux cas, 3 volumes de gaz composants se réduisent à 2 par l'effet de la combinaison : le rapport de 3 à 2 est simple. Dans d'autres cas on constate les rapports de 2 à 2 ou de 4 à 2. Ainsi, 1 volume de chlore s'unit à 1 volume d'hydrogène pour former 2 volumes d'acide chlorhydrique; 3 volumes d'hydrogène s'unissent à 1 volume d'azote pour former 2 volumes d'ammoniaque.

Ce fait est donc capital dans l'histoire des découvertes chimiques : *les gaz se combinent en proportions volumétriques, définies et simples, c'est-à-dire qu'on constate un rapport simple entre les volumes des gaz qui entrent en combinaison.*

Le tableau suivant fera mieux saisir encore les termes de cette loi fondamentale :

2 vol. d'H. s'unissent à 1 vol. d'O. pour former 2 volumes de vapeur d'eau.
2 vol. d'Az. s'unissent à 1 vol. d'O. pour former 2 volumes de protoxyde d'azote.
1 vol. d'Az. s'unit à 1 vol. d'O. pour former 2 volumes de bioxyde d'azote.
1 vol. d'Az. s'unit à 2 vol. d'O. pour former 2 volumes de peroxyde d'azote.
1 vol. d'Az. s'unit à 3 vol. d'H. pour former 2 volumes de gaz ammoniac.
1 vol. de Cl. s'unit à 1 vol. d'H. pour former 2 volumes de gaz acide chlorhydrique.
2 vol. de Cl. s'unissent à 2 vol. de C² H⁴. pour former 2 volumes de vapeur de chlorure d'éthylène, etc., etc.

Deux volumes d'hydrogène se sont donc combinés avec un volume d'oxygène pour donner deux volumes de vapeur d'eau. Cette vapeur d'eau, qui n'est plus un corps simple, se comportera comme un gaz simple. Elle subira les lois de la dilatation et de la contraction des gaz si on l'envisage à un état suffisamment éloigné de son point de liquéfaction.

Mais élevons maintenant davantage la température, faisons passer cette vapeur d'eau par exemple comme l'a fait M. Sainte-Claire Deville à travers un tube de porcelaine chauffé au rouge blanc, nous constatons qu'il s'opère une décomposition de cette eau : une dissociation de l'hydrogène et de l'oxygène, comme l'a dit le savant chimiste [1].

Il suffit d'un abaissement de température pour permettre à l'hydrogène et à l'oxygène de se recombiner comme précédemment.

L'idée théorique que l'on peut se faire de ce phénomène de

1. M. Saint-Claire Deville fait cette expérience de plusieurs manières : Il prend un tube poreux qu'il introduit dans un tube plus court de porcelaine vernissé. Ce tube de porcelaine vernissé qui constitue, somme toute, un manchon autour du premier tube poreux, reçoit un courant d'acide carbonique. On fait passer de la vapeur d'eau dans le tube poreux, l'appareil étant porté au rouge. On constate que de l'hydrogène passe du tube intérieur poreux dans le tube extérieur. Cet hydrogène, entraîné par le courant

dissociation est le suivant. La chaleur augmentant les vibrations
moléculaires, nous l'avons vu, peut rompre la cohésion et faire
passer un corps de l'état solide à l'état liquide, puis à l'état
gazeux. Ainsi la glace passera à l'état d'eau puis de vapeur. La
chaleur continuant à agir et augmentant les vibrations moléculaires des corps, rompt la force de combinaison comme elle a
rompu la force de cohésion[1]. M. Sainte-Claire Deville qui a étudié
ces phénomènes de dissociation, a reconnu qu'ils se générali-
saient pour un grand nombre de corps. L'acide carbonique,
l'oxyde de carbone, l'acide sulfureux, l'acide chlorhydrique
l'ammoniaque ont été dissociés à haute température. Ajoutons
que l'étincelle électrique produit des décompositions analogues.

Il est un grand nombre de corps qui se décomposent à haute
température pour ne plus se reconstituer par abaissement de
température. Cette action spéciale de la chaleur nous intéresse
moins directement.

Nous venons de constater un phénomène de dissociation

d'acide carbonique, peut être facilement reconnu à l'analyse. Il été mis en
liberté par dissociation de l'eau à haute température.

Un autre procédé permet encore de reconnaître la décomposition de l'eau
à haute température. On remplit bien exactement un tube de porcelaine de
5 à 6 centimètres de diamètre avec des fragments de porcelaine bien propres
et préalablement rougis au feu; on y fait passer un courant rapide d'acide
carbonique qui traverse un tube plein d'eau maintenue à la température
de 90° à 95°; enfin on chauffe ce tube à un véritable feu de forge. Par une
analyse ordinaire, on reconnaît facilement une petite quantité d'hydrogène
et d'oxygène provenant de la décomposition de l'eau que l'acide carbonique
a entraîné.

1. Le mot de dissociation est de M. H. Deville. (*Comptes rendus*, t. XLV,
p. 857, 1857.) Dans sa première acception, il était à peu près synonyme de
décomposition. Plus récemment, M. Deville l'a employé pour indiquer cette
décomposition partielle, naissante en quelque sorte, que les corps subissent
à une température inférieure à celle où ils se décomposent en masse, et qui
est la vraie température de décomposition. M. Wurtz a proposé ensuite
(*Répertoire de chimie pure*, t. II, p. 37, 1860) d'employer cette expression
de dissociation pour caractériser la disjonction passagère que subissent cer-
ains corps composés, à des températures élevées, en éléments tout prêts à
se combiner de nouveau lorsque la température s'abaisse.

s'opérant sous l'influence d'une température extrêmement élevée : c'est au rouge blanc que l'eau se décompose en hydrogène et oxygène. Il est des corps qui subissent ces phénomènes de dissociation à des températures bien inférieures relativement. Il en est, comme le bromhydrate d'amylène, le perbromure de phosphore qui se dissocient à peine vaporisés, dans une simple distillation. D'autres exigent une température plus élevée, comme le chlorhydrate d'ammoniaque, le perchlorure de phosphore, le calomel.

Quel va être le résultat immédiat de cette action dissociante de la chaleur ? La densité de ces corps pris à l'état de vapeur présentera des anomalies, et traduira, somme toute, le poids de l'unité de volume d'un mélange de corps et non plus d'une combinaison. De là des densités trop faibles de moitié, tenant à la dissociation de corps préalablement condensés dans l'acte de la combinaison, suivant la loi de Gay-Lussac.

Ces derniers faits offrent un intérêt considérable. Nous allons les exposer en détail.

Composés ammoniacaux. — Nous dirons tout d'abord que c'est précisément l'importance théorique qui découle de cette étude, qui a engagé les expérimentateurs dans cette voie d'essais, d'où sont sortis des résultats souvent contradictoires, laissant le champ libre aux discussions. Les uns, comme MM. Sainte-Claire Deville et Troost n'admettent pas que le chlorhydrate d'ammoniaque se dissocie à la température d'ébullition du mercure [1], par exemple. D'autres au contraire se basant sur des expériences précises, admettent la dissociation. Nous verrons que ces faits ont une grande valeur dans l'appréciation de ce que nous appellerons le poids moléculaire du sel ammoniac.

Hermann Kopp [2], Cannizzaro [3], Kekulé [4], admettent pour

1. *Leçons sur la dissociation.* Leçons de chimie professée à la Faculté clinique de Paris, 1864 et 1865, et *Comptes rendus,* t. LVI, p. 732.

2. *Annalen der Chemie und Pharmacie,* t. CV, p. 390.

3. *Nota sulle condensazioni di vapore.* — Appendice de: *Sunto di un corso di filosofia chimica,* Pisa, 1858.

4. *Annalen der Chemie und Pharmacie,* t. CVI, p. 143.

des raisons théoriques la dissociation. D'autres auteurs se fondent sur des expériences plus ou moins ingénieuses.

De toute façon le problème est difficile à résoudre. « Comment prouver en effet, disait M. Wurtz en 1864 [1], que la vapeur de perchlorure de phosphore constitue à 300° un mélange de chlore et de protochlorure? Absorbera-t-on le chlore par quelque corps avec lequel il puisse se combiner? Mais alors on fait intervenir l'affinité de celui-ci, et, quelque faible qu'elle soit, on peut croire qu'elle joue un rôle actif dans la décomposition du perchlorure de phosphore. Ainsi que M. Bunsen l'a fait remarquer, la question de savoir si deux gaz existent à l'état de combinaison ou de mélange, ne peut être résolue qu'en soumettant ces gaz à des épreuves physiques. Ainsi, qu'on les fasse passer par diffusion dans un autre gaz, dans l'hydrogène par exemple, s'ils sont combinés ils passeront dans les proportions où ils existent dans la combinaison; s'ils sont mélangés, ils passeront comme si chacun était seul dans le rapport inverse des racines carrées de leurs densités. »

M. Pebal tirant parti des admirables méthodes de M. Graham, a essayé précisément de faire diffuser dans l'hydrogène la vapeur du sel ammoniac : le gaz ammoniac, moins dense que le gaz chlorhydrique, passe en plus grande quantité [1]. A cette même époque, MM. Wanklyn et Robinson [2] démontrent par un procédé ingénieux que l'acide sulfurique hydraté se dissocie en eau et acide sulfurique anhydre. Ils enferment cet acide dans un ballon terminé par une pointe très-fine. Le ballon étant maintenu à haute température et en communication par sa pointe avec l'air, ils opèrent un phénomène de diffusion, et ces expérimentateurs constatent qu'au bout d'un certain temps il reste dans le ballon de l'acide sulfurique anhydre. L'acide hydraté s'était en réalité

1. *Leçons professées à la Société chimique*, 1863, p. 75.

2. *Annalen der Chemie und Pharmacie*, t. CXXIII, p. 199, et *Annales de chimie*.

3. *Comptes rendus*, t. LVI, p. 547.

dissocié; et l'eau s'était échappée en plus grande abondance.
Dans une seconde série d'expériences, ils ont opéré sur le perchlorure de phosphore. Ils ont trouvé que le ballon renferme au
bout de quelque temps une petite quantité de protochlorure qui
a gagné le fond du récipient en raison de sa densité, tandis que
le chlore s'est diffusé dans l'atmosphère.

M. Sainte-Claire Deville [1] a répondu aux expériences précédentes par une analyse rigoureuse des faits. Le savant chimiste
ne conteste pas qu'une petite quantité de chlorhydrate d'ammoniaque ne se dissocie à 350° dans l'expérience de M. Pebal; mais
la dissociation est-elle complète? C'est là le point fondamental
agité, qui a des conséquences théoriques très-grandes comme
nous le verrons. Si la dissociation d'un volume de vapeur de
chlorhydrate d'ammoniaque est complète, le poids de cette unité
de volume est trop faible de moitié assurément. S'il n'y a qu'une
petite quantité de chlorhydrate d'ammoniaque, le calcul de cette
unité de volume ne sera pas sensiblement influencé.

M. Sainte-Claire Deville n'est pas porté à voir dans les expériences de MM. Pebal, Wanklyn et Robinson les déductions
que ces auteurs veulent en tirer.

« J'admets volontiers, dit M. Sainte-Claire Deville, que la
diffusion ne peut séparer que des éléments gazeux libres de toute
combinaison. Les raisonnements de M. Bunsen me paraissent
incontestables. Mais la diffusion ne peut donner jamais que la
preuve d'une séparation et ne peut rien prouver, quant à la
matière décomposée, dans un mélange où la dissociation commence à s'effectuer. En effet, quelle que soit cette proportion des
matières combinées aux éléments séparés dans un mélange,
l'appareil de diffusion amènera toujours une décomposition
complète. Le temps de l'opération seul pourra varier, mais
l'appareil à diffusion agira d'une manière constante, tant qu'il
restera de la matière séparable : la tension de dissociation ne

1. Voir *Comptes rendus*, t. LVI, p. 732.

2

fût-elle que de 1 millionième, le résultat sera obtenu aussi entement qu'on voudra l'imaginer, mais il sera complet. C'est pourquoi j'ai toujours demandé à MM. Wanklyn et Robinson qui ont fait aussi agir des appareils de diffusion sur le chlorure de phosphore et l'acide sulfurique de déterminer, avant de rien conclure, l'état initial de la matière dans leurs appareils qui réduisent tout en éléments, à la simple condition que la proportion de la matière décomposée à la matière combinée soit au nombre fini, aussi petit qu'on voudra. Il en est de même pour l'eau décomposée par diffusion. J'en ai retiré vers 1000° ou 1200° des quantités notables d'hydrogène et d'oxygène. Et cependant la quantité d'eau réduite à ses éléments dans sa propre vapeur ne diminue pas sensiblement sa densité de vapeur. »

Mais ce n'est pas tout. Cette réponse de M. Sainte-Claire Deville, qui se basait somme toute sur une interprétation différente des conclusions de ses contradicteurs, semblait recevoir une sanction dans une expérience directe. Si la dissociation du chlorhydrate d'ammoniaque est complète à 350°, dit M. Sainte-Claire Deville, nous ne devons avoir aucun indice de combinaison en faisant arriver d'une part du gaz chlorhydrique, de l'autre part du gaz ammoniac dans une enceinte portée préalablement à cette température.

Dans une enceinte chauffée extérieurement à la température invariable de 350° par la vapeur de mercure, M. Deville introduit un thermomètre à air qui se met bientôt en équilibre avec la température de l'appareil. Le gaz chlorhydrique et le gaz ammoniac arrivent avec une vitesse égale dans cette enceinte par deux tubes distincts.

Le thermomètre accuse une élévation subite de température que l'on peut estimer à 394°,5 malgré le refroidissement incessant, occasionné par les vapeurs mercurielles à 350° de température. La déduction logique à tirer de cette expérience est celle-ci, dit M. Sainte-Claire Deville : le chlorhydrate d'ammoniaque non-seulement ne se décompose pas à 394°,5, mais ses élémen s'unissent à cette température avec un dégagement de chaleur supérieur sans doute à celui accusé par le thermomètre, puisqu'il faut tenir compte de l'abaissement de température incessant produit par les vapeurs de mercure à 350°.

MM. Wanklyn et Robinson donnent de l'expérience de M. Sainte-Claire Deville l'interprétation suivante : les gaz arrivent rapidement dans le ballon où ils doivent se combiner ; rien ne prouve qu'avant leur contact ils aient pris la température de 350°. Ils ont donc pu alors réellement se combiner, mais à une température inférieure à 350°, à celle où s'opère la dissociation du sel ammoniac.

M. Deville fait observer à ses contradicteurs, que l'élévation de température n'a pas été constatée comparativement à la température initiale des deux gaz avant leur entrée dans l'appareil. Cette élévation de température a été constatée par rapport à celle de l'enceinte ; celle-ci étant de 350°, la température est montée à 394°. Donc à 350° les deux gaz se combinent. Rien n'autorise donc à admettre une dissociation à cette température, puisque l'expérience directe prouve au contraire qu'une combinaison s'effectue.

M. Sainte-Claire Deville modifia son expérience et s'arrangea de manière à ce que les gaz arrivassent, au contact l'un de l'autre, après avoir été portés préalablement à la température de 360°, et cela à l'aide du dispositif ingénieux suivant : les tubes d'arrivée des gaz, chacun indépendant, sont courbés en hélice autour du ballon même qui plonge dans la vapeur de mercure, et dans lequel ils doivent déboucher. Dès que le gaz acide chlorhydrique sec arrive au contact du gaz ammoniac sec, il se produit une élévation manifeste de température. La température diminue et augmente alternativement lorsqu'on interrompt ou qu'on rétablit l'arrivée du gaz ammoniac ; mais comme du sel ammoniac se condense dans les parties froides des tubes en hélice apportés au courant gazeux, le phénomène thermique perd rapidement de sa netteté.

M. Than [1] a nié le dégagement de chaleur en pratiquant l'opération dans un appareil ingénieusement combiné, il est vrai, mais qui peut donner lieu à une interprétation différente de celle que son auteur en a présentée.

Cet expérimentateur emploie deux tubes. L'un, intérieur, contient du gaz acide chlorhydrique sec; l'autre, extérieur, contient du gaz ammoniac sec et plonge dans le mercure. Ces gaz sont chauffés à haute température par le rayonnement d'un fourneau. Si l'on brise le tube à acide chlorhydrique, on ne voit aucun changement de volume ni, par suite, aucune dé   ssion du mercure. Donc, dit M. Than, dans ces conditions élevées de température, H Cl ne dégage pas de chaleur au contact de Az H³ et par suite ne se combine pas.

M. Sainte-Claire Deville fait à cette expérience la série d'objections suivantes : 1° la fixité de la température intérieure, qui est un point capital de l'expérience, doit être difficile à obtenir, et elle reste sans contrôle ; 2° Le gaz doit en outre varier de volume à cause des vapeurs mercurielles qui se dégagent forcément à cette température ; 3° Les parois, les deux enveloppes de verre, intérieure et extérieure, doivent absorber une grande partie de la chaleur donnée à la masse de gaz, qui est très-petite ; 4° Comme les deux gaz ont une densité bien différente (dans le rapport de 1 à 2,7), ils peuvent rester longtemps séparés dans le tube avant de se combiner, et du moment que cette combinaison n'est pas subite, elle ne peut donner lieu à aucun effet thermique sensible.

A l'époque où M. Sainte-Claire Deville venait de faire ses expériences, M. Wurtz, tout en reconnaissant la force des arguments de M. Deville, faisait les réflexions suivantes :

« Le dégagement de chaleur qui se manifeste par le mélange de deux corps, est-il toujours l'effet et le témoin d'une atteinte portée à la constitution chimique de leurs molécules? Est-il

1. *Annalen der Chemie und Pharmacie,* août 1864, t. LV, p. 129.

nécessairement l'indice d'une combinaison chimique donnant lieu à la formation d'une nouvelle molécule, d'une vraie molécule? Questions importantes, dont la solution nous est donnée, ce semble, par les belles recherches de M. Favre sur les effets thermiques des mélanges [1]. Ayant ajouté de l'eau à l'acide sulfurique déjà notablement étendu, M. Favre a encore constaté un dégagement de chaleur. Ainsi, l'addition de 4 équivalents d'eau à de l'acide sulfurique déjà mêlé à 56 équivalents d'eau donne encore lieu à une légère élévation de température. Qui oserait admettre que l'effet thermique soit dû ici à une combinaison chimique donnant naissance à une vraie molécule? Une molécule SO^3, 60 HO peut-elle exister? Et, si elle pouvait exister, pourrait-elle prendre la forme gazeuse? Je ne le pense pas; et M. Favre admet, avec raison, que ce n'est point l'affinité proprement dite qui est en jeu dans les actions du genre de celles qu'il a observées. Il en a constaté d'autres qui sont semblables. L'addition de petites quantités d'eau à des solutions concentrées de certains sels, pourvus de leur eau de cristallisation, peut donner lieu à un dégagement de chaleur. Vient-on à ajouter beaucoup d'eau, des effets inverses se produisent. Le phénomène de la diffusion du sel dans l'eau donne lieu à une absorption de chaleur.

« Mais, dans le premier cas, le dégagement de chaleur est dû, selon M. Favre, à une attraction des molécules différente de l'affinité. Et pourquoi des actions de ce genre ne s'observeraient-elles pas dans le mélange des gaz? Pourquoi les molécules d'acide chlorhydrique et d'ammoniaque, bien qu'elles ne puissent plus se combiner à 350°, c'est-à-dire se confondre, se condenser en un nouveau corps, pourquoi n'exerceraient-elles pas à cette température une action mutuelle? La constitution des gaz n'exclut pas cependant l'idée d'une action réciproque pouvant s'exercer à distance entre les particules. »

1. *Mémoires de la Société d'émulation de Provence*, t. I, p. 117.

Cette attraction, qui n'est peut-être qu'un degré de l'affinité, ajoute M. Wurtz, donne aux gaz mélangés un degré de stabilité qu'ils n'auraient peut-être pas sans cela. C'est ainsi que le cyan-hydrate d'ammoniaque réellement dissocié à 100° conserve son gaz ammoniac sans dissociation à des températures où ce gaz seul se dissocierait. M. Wurtz évidemment a tenté là une expli-cation qui ne le satisfait pas pleinement, puisqu'il dit encore : « Loin de moi la prétention d'avoir résolu les questions que je « viens de poser. »

Assurément nous touchons là à une question bien délicate. Un dégagement de chaleur indique-t-il une combinaison, oui ou non? Assurément, en vertu de la grande loi de la conservation de l'énergie, de la transformation des forces, la mise en liberté de la force chaleur indique la perte d'une autre force. Est-ce que le mouvement *affinité* a été réellement transformé? Est-ce que cette neutralisation réciproque de certaines vibrations, qui apparaît sous forme de chaleur, traduit en réalité une affinité satisfaite, une combinaison proprement dite? Nous sommes là aux prises avec des difficultés réelles.

Cependant nous pourrions donner un appui aux réflexions de M. Wurtz, en invoquant le témoignage de M. Berthelot, si de nouvelles expériences sur la volatilisation du chlorhydrate d'ammoniaque (voir plus loin Marignac) n'avait tranché défini-tivement la question :

« La combinaison chimique réduite à son expression la plus simple, dit M. Berthelot dans ses savantes leçons sur l'isomérie[1], consiste dans le phénomène suivant : deux molécules A et B sont mises en présence ; si elles sont douées d'affinité l'une pour l'autre, elles se rapprochent, elles se réunissent, et il en résulte une molécule A B.

« En même temps, les mouvements propres de translation, de vibration, de rotation, etc., qui animaient chacune des molé-

----

1. *Leçons professées à la Société chimique,* 1864 et 1865, p. 51.

cules A et B, se transforment et donnent lieu aux nouveaux mouvements qui animent désormais la molécule composée AB. Les pertes de force vive, qui ont lieu par suite de cette transformation, deviennent l'origine de certains dégagements de chaleur, d'électricité, etc. Quand la combinaison est accomplie, le composé résultant exerce sur les autres corps des actions souvent différentes de celles qu'exerçaient ses éléments envisagés isolément.

« *Or la plupart de ces phénomènes peuvent être observés toutes les fois que deux molécules sont en présence, et alors même qu'elles n'entrent pas en combinaison.* Par exemple, si l'on introduit du platine en mousse dans du gaz oxygène, le platine condense ce gaz à sa surface ; de même il condense l'hydrogène, c'est-à-dire qu'il en rapproche les molécules. Chacun de ces effets est accompagné d'un certain dégagement de chaleur. Cependant le platine ne se combine ainsi ni à l'oxygène ni à l'hydrogène.

« On peut dire, d'une manière plus générale, que deux corps mis en contact et intimement mélangés dégagent fréquemment de la chaleur, par suite des attractions réciproques qui tendent à rapprocher leurs particules, et des destructions ou plutôt des transformations de mouvement qui ont lieu par le fait de ce rapprochement. Il suffit d'imbiber une poudre avec un liquide dans lequel il est insoluble, pour voir s'élever la température du système.

« *Voilà donc des faits,* ajoute M. Berthelot, qui prouvent l'existence de certaines actions réciproques, exercées entre deux corps mis en contact, analogues à celles qui résultent de la combinaison véritable, et qui se développent cependant lorsque les deux corps n'entrent pas en combinaison. »

Et d'ailleurs, comme le dit M. Lieben[1] à propos de l'expérience thermique de M. Sainte-Claire Deville sur le chlorhy-

1. *Bulletin de la Société chimique,* 1865, t. I, p. 90.

drate d'ammoniaque, il peut parfaitement y avoir combinaison partielle entre l'acide chlorhydrique et le gaz ammoniac, ce qu'explique la chaleur observée par M. Sainte-Claire Deville, sans que pour cela l'état de combinaison domine dans le mélange.

D'ailleurs, comme nous le verrons, toutes les expériences nombreuses qui ont été faites sur la densité des vapeurs montrent aujourd'hui d'une façon indubitable que les densités de vapeurs anormales s'expliquent toutes par un phénomène de dissociation. Cette dissociation constitue aujourd'hui des résultats d'expérimentation directe qui ne laissent plus aucun doute dans l'esprit.

Pour le cas spécial du chlorhydrate d'ammoniaque nous apporterons encore un argument en faveur de la dissociation, tiré d'expériences thermiques très-concluantes dues à M. Marignac[1].

Ce savant physicien remarque d'abord avec Wanklyn que la densité de vapeur observée par M. Deville à 360° est égale à 1,01 (14,64 par rapport à H), tandis qu'elle devrait être 0,923 (ou 13,375) pour une condensation en 4 volumes et 1,845 (ou 26,75) pour une condensation en 2 volumes. On pourrait conclure de ces chiffres, admis pour vrais, qu'à 360° 16 pour 100 seulement de sel ammoniac sont volatilisés en occupant 2 volumes, tandis que 84 pour 100 sont décomposés en leurs éléments de manière à occuper 4 volumes. Ces 16 pour 100 de sel ammoniac formé expliqueraient le dégagement de chaleur.

M. Marignac ne se contente pas d'une interprétation théorique. Il fait le raisonnement suivant : « Si la volatilisation du sel ammoniac n'est qu'un changement d'état, elle ne doit absorber qu'une quantité de chaleur comparable à celle qui est nécessaire pour produire ce changement dans d'autres corps composés. Si elle est, au contraire, accompagnée d'une décom-

1. *Archives des sciences,* nov. 1868.

position chimique, elle doit exiger une quantité de chaleur plus considérable, peu différente de celle qui résulte de la combinaison chimique des gaz chlorhydrique et ammoniac. »

M. Marignac a cherché à établir cette quantité de chaleur, en déterminant le poids de sel ammoniac qui peut être réduit en vapeur par une source de chaleur invariable. Il a fait construire un cylindre de fonte de $0^m,10$ de diamètre et de $0^m,12$ de hauteur, muni de 3 cavités de $0^m,03$ de diamètre et de $0^m,09$ de profondeur, disposées symétriquement autour d'un axe. Le refroidissement, entre deux limites invariables de température, de ce bloc de fonte chauffé au rouge constitue une source de chaleur identique pour toutes les expériences ; l'une des cavités recevait le réservoir d'un thermomètre à air ; les deux autres recevaient des tubes minces d'argent où l'on plaçait le corps à réduire en vapeur. Le refroidissement du cylindre était rendu aussi lent que possible par une lampe de charbon maintenue par une caisse en tôle. La température la plus favorable pour les expériences est entre $420°$ et $500°$. C'est en employant cet appareil, pour lequel nous ne pouvons pas entrer dans de plus grands détails, que M. Marignac a déterminé la chaleur latente de volatilisation du sel ammoniac et l'a trouvée égale à 706, c'est-à-dire peu inférieure à la chaleur de combinaison de Az H^3 et H C I, qui a été trouvée égale à 715,5 par MM. Favre et Sibermann, et qui représente également la chaleur qui doit devenir latente par la dissociation.

Cette chaleur latente de volatilisation est infiniment plus considérable que celle de tous les corps pour lesquels elle est connue.

M. Marignac conclut de son travail qu'il est excessivement probable que le sel ammoniac est, en grande partie au moins, décomposé en ses éléments lorsqu'il se volatilise. Pour qu'il en fût autrement, il faudrait que ce corps eût une chaleur de volatilisation sans analogie avec celle de tous les corps pour lesquels elle est connue, et — ce qui paraît le moins probable —

qu'il n'y eût presque pas de chaleur dégagée par la combinaison de ses éléments, celle que l'on observe pendant sa formation ne résultant que de sa condensation à l'état solide.

Nous avons, avec intention, insisté sur les nombreuses expériences et les nombreuses interprétations apportées au sujet de la volatilisation du chlorhydrate d'ammoniaque, parce que cette question était délicate et que ses conséquences théoriques, nous le verrons, ont une grande portée.

Aujourd'hui la dissociation du chlorhydrate d'ammoniaque à la température de sa volatilisation paraît être admise par la majorité des chimistes, qui la rapprochent d'ailleurs de nombreux faits analogues.

Dans la séance du 21 août 1875, M. Wurtz a présenté à l'Association française pour l'avancement des sciences, qui siégeait à Nantes, des expériences non plus sur la dissociation du chlorhydrate d'ammoniaque, mais sur celle du chlorhydrate d'aniline. L'analogie des ammoniaques substituées avec l'ammoniaque permettait de prévoir des phénomènes analogues de dissociation vers 350°. MM. Deville et Troost avaient déterminé la densité de vapeur du chlorhydrate d'aniline, et l'avaient trouvée égale à 2,19 à 350°. Si le chlorhydrate d'aniline ne se dissociait pas, elle aurait dû être trouvée égale à 4,38.

M. Wurtz fit une expérience directe, tendant à démontrer qu'au delà de 250° le chlorhydrate d'aniline n'existe plus à l'état de combinaison. A de basses températures, l'acide chlorhydrique arrivant au contact de l'aniline, dégage de notables quantités de chaleur; au delà de 250°, aucun phénomène thermique ne se manifeste. A l'aide d'un appareil ingénieux pour la description duquel nous renvoyons aux *Comptes rendus du Congrès de Nantes*, page 458, M. Wurtz est arrivé à des résultats non douteux, qui prouvent que la densité, trouvée égale à 2,19 par MM. Sainte-Claire Deville et Troost, est deux fois trop faible.

M. Sainte-Claire Deville a étudié également la vapeur de

cyanhydrate d'ammoniaque. Ce savant chimiste remarque que ce composé est très-stable, qu'il se forme à 1,000°, c'est-à-dire à une température où l'ammoniaque se dissocie réellement en azote et en hydrogène. « Si l'on prend la densité de vapeur du cyanhydrate d'ammoniaque à 100°, dit M. Deville, on constate que cette densité n'indique nullement que la combinaison de l'acide cyanhydrique avec le gaz ammoniac se soit effectuée à volumes égaux avec condensation. »

Nous nous demandons s'il est rigoureux de conclure de ce que l'ammoniaque à 1,000° n'est pas dissocié en azote et hydrogène que ce gaz ammoniac soit en combinaison avec l'acide cyanhydrique. Rien ne le prouve à notre sens. D'ailleurs, il serait facile de prouver sa dissociation par une expérience directe, analogue à celle que M. Troost a mise en œuvre pour apprécier la dissociation de l'hydrate de chloral [1]. Dans le cas actuel, il suffirait de chauffer dans la vapeur de cyanhydrate d'ammoniaque du chlorure d'argent ammoniacal, comme l'oxalate de potassium hydraté a été chauffé dans l'hydrate de chloral. On étudierait préalablement aux diverses températures la tension de dissociation du chlorure d'argent ammoniacal, comme M. Troost a étudié celle de l'oxalate de potassium hydraté.

L'idée précédente est due à M. Wurtz.

Le sulfhydrate d'ammonium AzH^4, HS que MM. Deville et Troost appellent bisulfhydrate d'ammoniaque AzH^4S, HS, n'échappe pas non plus à la dissociation.

Il est de même du sulfure d'ammonium $\left.\begin{array}{l} AzH^4 \\ AzH^4 \end{array}\right\}S$, que MM. Deville et Troost écrivent AzH^4S, et appellent sulfhydrate d'ammoniaque. Il est parfaitement démontré par les recherches de M. Horstmann [2], confirmées par M. Salet qu'entre la tempé-

1. Voir, page 45, l'idée de M. Troost, que nous ne pouvons développer encore ici.

2. *Annalen der Chemie und Pharmacie,* suppl., t. VI, p. 74, et *Jahresbericht für Chemie,* t. XX, p. 32, 1867.

rature de 56°, 9 et 85°, 9 on n'obtient aucune contraction dans le mélange d'hydrogène sulfuré et de gaz ammoniac quelle que soit la proportion des gaz mélangés. Aucune combinaison ne s'effectue.

D'après les expériences de Horstmann, l'hydrogène sulfuré et le gaz ammoniac ne se combinent pas entre 56°,9 et 86°,4.

Pour terminer l'histoire des sels ammoniacaux, qui présentent en général des densités de vapeur anomales dues à des phénomènes de dissociation, nous rapporterons les expériences de Naumann [1] sur le carbonate d'ammoniaque, qui subirait également un phénomène de décomposition en acide carbonique et ammoniaque à la température où l'on évalue sa densité de vapeur.

Nous ferons remarquer à la suite de cette étude d'ensemble sur la dissociation des sels ammoniacaux à haute température, que bien des combinaisons ammoniacales présentent ces phénomènes de décomposition à des températures plus basses. Les uns en solution dans l'eau se décomposent à l'ébullition (combinaison avec acides organiques); nous citerons même le chlorhydrate d'ammoniaque (Fittig). Les autres se dissocient à la température ordinaire (chlorure d'argent ammoniacal; Isambert); carbonate double de cuivre et d'ammoniaque (P. Cazeneuve) [2].

Composés phosphorés. — Prenons certaines combinaisons du phosphore comme le perbromure et le perchlorure qui ont été l'objet d'études toutes spéciales de la part d'un grand nombre de chimistes.

Le perbromure de phosphore, par exemple, qui se forme par l'action d'un excès de brome sur le tribromure, se volatilise sans fondre, mais se dédouble avec la plus grande facilité en tribromure et en brome :

---

1. *Annalen der Chemie und Pharmacie,* t. CLX, p. 2.
2. La découverte de ce nouveau corps sera publiée prochainement

$$P\ Br^5 = P\ Br^3 + Br^2$$

Il suffit de maintenir du perbromure à 100° dans un courant d'acide carbonique, pour que ce dernier gaz entraîne tout le brome. Il ne reste bientôt que du tribromure dans le récipient. M. Baudrimont a étudié avec soin ce phénomène [1].

Il en est de même du perchlorure de phosphore PCl⁵ qui se dissocie sous l'influence de la chaleur. Prise à 190° la densité du perchlorure de phosphore a été trouvée égale à 72 (par rapport à l'hydrogène), ce qui correspond à 3 volumes ; mais si on la prend vers 300°, elle est constante et égale à 52,7 (Cahours, *Comptes rendus*, t. XXI, p. 625). Ce dernier nombre correspond à 4 vol. de vapeur (densité théorique pour 2 volumes $= 104,25$; pour 4 vol. $= 52,125$). M. Cahours en a conclu que le chlorure et le trichlorure de phosphore Cl² + Ph Cl³ se sont unis sans condensation pour donner naissance à Ph Cl³, Cl², fait analogue à celui que l'on rencontre dans la combinaison des gaz à volumes égaux. D'ailleurs si l'on étudie les densités du sulfochlorure de phosphore P Cl³ S et de l'oxychlorure PCl³ O, nous voyons qu'elles correspondent à 2 volumes, ces corps pouvant être envisagés comme résultant de la combinaison de 2 volumes PCl³ avec 1 volume de vapeur de soufre ou d'oxygène, avec condensation aux 2/3, comme cela a lieu pour les gaz simples, s'unissant dans le rapport de 2 à 1. Nous l'avons vu à propos de la loi de Gay-Lussac.

L'explication précédente ne résiste pas à l'étude approfondie de l'action de la chaleur sur le perchlorure de phosphore. MM. Wanklyn et Robinson ont démontré que la vapeur de perchlorure de phosphore se dissocie, avec l'élévation de la tempé-

---

1. *Comptes rendus de l'Académie des sciences*, t. LIII, p. 404, 1861; et *Thèse de doctoral ès sciences*, 1864, p. 404.

rature, pour être complète, à partir de 300°. Ces expérimentateurs diffusent la vapeur de perchlorure dans une grande quantité
d'acide carbonique pour prévenir la dissociation et constatent
d'une façon évidente que l'anomalie que présente la densité du
perchlorure est due à un phénomène de dissociation.

M. Wurtz[1] reprend l'expérience et fait diffuser la vapeur de
perchlorure dans l'air, pour abaisser la température de volatilisation, comme l'avaient fait MM. Wanklyn et Playfair. L'opération s'exécutait dans un ballon placé dans un bain de paraffine;
on fermait la pointe du ballon dès que les dernières parcelles
de perchlorure avaient disparu. Le ballon était pesé et le
volume d'air mesuré par la méthode ordinaire. Le volume de la
vapeur du perchlorure et par conséquent sa densité étaient
obtenus en retranchant le volume de cet air ramené à 0° et à la
pression normale du volume total d'air et de vapeur de perchlorure. La tension de cette vapeur était égale à la pression
atmosphérique diminuée de la tension de l'air restant dans le
ballon, règle générale pour toutes les vapeurs mélangées.

Voici les résultats :

—Temp. variant de 145°, 137°, 129°.

— Pression partielle supportée par la vapeur diffusée s'est
trouvée comprise entre les limites extrèmes de 148^{mm} et 391^{mm}
(11 expériences).

— Densité trouvée variant de 6,70 à 6,118, soit environ 6,5
en moyenne, chiffre plus près de 7,217 densité théorique que
de 3,61 la moitié de cette densité qui indiquerait que le perchlorure résulte de la combinaison de 2 volumes de trichlorure
avec 2 volumes de chlorure sans condensation.

En résumé : on abaisse la tempéruture de vaporisation du
perchlorure par suite de son mélange avec l'air, dont la tension
équilibre partiellement la pression atmosphérique. La chaleur

1. *Bulletin de la Société chimique*, 1873, p. 452.

qui est le principal agent de dissociation n'intervient donc que dans une plus faible mesure.

M. Wurtz pensant avec raison que la dissociation devait être retardée par la présence en excès d'un des produits de la dissociation, reprend la densité du perchlorure de phosphore en faisant diffuser sa vapeur dans la vapeur de trichlorure. Dans un ballon taré, M. Wurtz introduit du perchlorure avec un grand excès de trichlorure, et chauffé à 165° et 170° dans un bain de paraffine. Du poids du ballon refroidi et de l'analyse du produit condensé, on déduit, après jaugeage du ballon, la densité de vapeur du perchlorure. Les nombres obtenus se rapprochent singulièrement du nombre théorique 104,25 correspondant à 2 volumes. Voici d'ailleurs quelques chiffres par rapport à la densité de l'hydrogène prise pour unité :

Pression.	Densité.
194 millim.	101,68
338 —	106,57
271 —	101,95
411 —	99,35
394 —	103,40
214 —	107,43
318 —	101,10

Ainsi donc, l'anomalie que présente la densité de vapeur de perchlorure de phosphore n'est qu'apparente.

D'ailleurs, il est à remarquer que la vapeur de perchlorure prend une teinte verdâtre à mesure que la température s'élève. Cette teinte est évidemment due au chlore mis en liberté (Deville[1]).

1. Cabours, *Ann. de chim., de phys.*, t. XX, p. 369. —*Comptes rendus*, t. LXIII, p. 14.—Wanklyn et Robinson, *Comptes rendus*, t. LVI, 195 et 322, et *Bull. de la Soc. chim.*, 1863, p. 249. — Deville, *Comptes rendus*, t. LXII, p. 1157. — A. Wurtz, *Comptes rendus*, t. LXXVI, p. 601, et *Bull. de la Soc. chim.*, 1873, t. XIX, p. 451.

M. Deville a remarqué un phénomène analogue avec le bromochlorure de phosphore qui correspond au perchlorure par
fixation de brome, au lieu de chlore sur le protochlorure. Sa vapeur est colorée en rouge, parce qu'elle renferme du brome par
suite d'une dissociation.

M. Wurtz, quelque temps plus tard, a repris la densité de
vapeur du perchlorure de phosphore en le diffusant, non plus
dans le trichlorure, mais dans du chlore[1]. Il est arrivé à un
résultat identique, c'est-à-dire qu'il a prévenu la dissociation
du perchlorure; comme dans la diffusion à travers le protochlorure, la densité s'est trouvée normale. M. Wurtz a trouvé les
chiffres 7,00 et 7,4. La théorie exige 7,247.

Ce procédé de diffusion, extrêmement ingénieux, a permis à
M. Melikoff[2] de prendre la densité du trichlorure d'iode en la
diffusant dans un grand excès de protochlorure. Il a pu obtenir
ainsi la densité normale.

L'iodhydrate d'hydrogène phosphoré se dissocie également
sous l'influence d'une température peu élevée. Bien d'autres
composés phosphorés qui doivent présenter des densités de
vapeur anormales rentreront dans cette catégorie.

Critiques de MM. Troost et Hautefeuille. — MM. Troost et
Hautefeuille[3] ont adressé des objections aux procédés de diffusion qui ont été employés pour apprécier les densités de vapeurs
anormales. Ces chimistes rappellent les considérations fondamentales dont il faut tenir compte pour prendre une densité de
vapeur : 1° Il faut porter cette vapeur à une température telle
que son coefficient de dilatation devienne égal au coefficient de
dilatation de l'air; 2° Il est nécessaire que la loi de compressibilité de la vapeur soit la même que celle de l'air; aussi
M. Regnault a-t-il insisté pour que les résultats obtenus à haute

1. Voir *Congrès de Clermont. Association française pour l'avancement
des sciences,* p. 368.

2. *Deutsche chemische Gesellschaft,* t. VIII, p. 490.

3. *Comptes rendus de l'Académie des sciences,* t. LXXXIII, 1876, p. 220.

température, soient vérifiés par des expériences effectuées sous faible pression. En troisième lieu, il faut éviter d'avoir à se préoccuper de la loi de Dalton sur les forces élastiques des gaz mélangés, loi qui, d'après les expériences de M. Regnault, n'est pas rigoureusement applicable à des mélanges en proportion quelconque d'air et de vapeurs. Ce dernier point, déjà traité par M. Regnault, a été l'objet de nouvelles investigations, surtout de la part de MM. Troost et Hautefeuille.

Nous avons vu précédemment, en effet, dans l'étude des diverses expériences pratiquées sur les vapeurs dissociables, que quelques chimistes, pour éviter la dissociation, avaient laissé cette vapeur mélangée dans une certaine quantité d'air ou d'une autre vapeur non dissociable. L'analyse chimique du mélange, la force élastique connue de la vapeur intermédiaire, à la température de l'expérience, étaient autant de facteurs qui entraient en ligne de compte pour en déduire la véritable densité du corps cherchée. Supposons, par exemple, qu'on ait pris par le procédé de Dumas la densité de vapeur d'un liquide et admettons qu'une certaine quantité d'air soit restée mélangée à cette vapeur. Au moment de la fermeture du ballon, on note la pression atmosphérique; puis, après refroidissement et pesée, on mesure le volume d'air qui est resté. On en déduit par le calcul la force élastique que possédait cet air au moment de la fermeture. *On admet ensuite que la différence entre la pression atmosphérique notée et cette force élastique calculée pour l'air ou pour une vapeur quelconque représente exactement la tension de la vapeur dont on cherche la densité.*

C'est ainsi que Playfair et G.-A. Wanklyn (*Proceedings of the Royal Society of Edimburgh*, t. IV, p. 305), ont cherché à déterminer la densité de vapeur de l'acide hypoazotique à des températures inférieures à son point d'ébullition, en vaporisant (diffusant) une petite quantité de ce produit dans un gaz inerte, l'azote. C'est ainsi, nous l'avons vu, que M. Wurtz a pris la densité du perchlorure chargé d'une grande quantité d'air ou

de trichlorure, et qu'il est arrivé ainsi à diminuer notablement
la tension de dissociation du composé, et à obtenir des nombres
bien supérieurs à ceux obtenus par M. Cahours qui avait apprécié la densité d'un corps dissocié.

MM. Troost et Hautefeuille objectent à l'expérience de
M. Wurtz : 1° que la force élastique de la vapeur du protochlorure n'a pu être calculée qu'avec une approximation très-con-
testable ; 2° qu'il est fautif d'admettre que le coefficient de dilatation de cette vapeur de protochlorure est constant et égal à
celui de l'air, et en même temps qu'il subit une loi de compressibilité identique à celle de l'air.

« L'influence de ces causes d'erreur, ajoutent ces chimistes,
est d'autant plus à redouter qu'elles agissent toutes dans le
même sens pour élever la valeur du nombre que l'expérience
donne pour la densité de vapeur cherchée. »

Ils instituent[1], au point de vue de la compressibilité, des
expériences sur le chlorure de silicium, le perchlorure de carbone, le protochlorure de phosphore. D'après leurs expériences,
le chlorure de silicium est à 100° (42° au-dessus de son point
d'ébullition, beaucoup plus compressible qu'un gaz parfait).
A 180° le chlorure de silicium se comprimerait plus encore que
ne l'indique la loi de Mariotte, c'est-à-dire à une température
de 121° plus élevée que son point d'ébullition.

Pour le perchlorure de carbone, et le protochlorure de phosphore, ils arrivent à des résultats identiques, c'est-à-dire qu'ils
prouvent que la compressibilité de ces vapeurs est, pour chacune d'elles, plus grande que celle qui résulterait de la loi de
Mariotte.

Il en est de même pour les coefficients de dilatation des
corps précédents, pris de 100° à 125°, et de 125° à 180°, qui
seraient notablement plus élevés que celui de l'air, et qui subi-

---

1. *Comptes rendus de l'Académie des sciences*, t. LXXXIII, 1876,
p. 333.

raient des variations ascendantes ou descendantes, suivant la
température, la pression, bien entendu, étant égale.

MM. Troost et Hautefeuille ajoutent :

« Ces variations de la densité d'une même vapeur avec la
température, pour une pression donnée, et avec la pression pour
une même température, font pressentir quelles difficultés on
rencontre quand on veut calculer la force élastique qu'une
vapeur doit acquérir dans un mélange. La valeur que l'on
obtient pour cette force élastique varie en effet avec la densité
que l'on fait entrer dans le calcul.

« Si, dans un mélange de deux vapeurs dont le poids, le
volume et la température sont connus, on calcule séparément
la force élastique de chaque vapeur, en employant la densité
théorique, comme on pourrait se croire autorisé à le faire quand
on opère sous faible pression et à une température élevée, on
obtient des nombres dont la somme est *supérieure à la pression
totale observée.* »

Ces chimistes font ensuite une série d'essais sur un mélange
de chlorure de carbone et de chlorure de silicium[1]. Ils intro-
duisent dans l'appareil de Gay-Lussac, convenablement modifié,
des ampoules contenant un poids connu de silicium et de chlorure de carbone. Après la rupture des ampoules, la température
est élevée à 100°. Le volume et la pression sont pris. La proportion de chlorure de carbone employée est augmentée progressivement. MM. Troost et Hautefeuille remarquent que dans
ces mélanges où la proportion de chlorure de carbone subit
une progression croissante, la force élastique du chlorure de
silicium est de plus en plus faible, la force élastique totale ne
dépassant pas elle-même 560 millimètres.

Calculant dans chaque cas la densité du chlorure de silicium
avec la densité théorique du chlorure de carbone, ils ont obtenu

1. *Comptes rendus de l'Académie des sciences,* t. LXXXIII, 1876,
p. 975.

des nombres qui se sont élevés successivement de 6,27 à 6,88, à 7,45 et à 8,20. Et la méthode directe donnerait en l'absence de toute vapeur étrangère des nombres variant de 6 à 5,94.

Il résulterait des observations précédentes, que dans un mélange de vapeur la densité d'une des vapeurs calculée avec les formules usitées augmenterait considérablement, et d'une manière continue avec la diminution de sa quantité relative.

Même résultat pour les vapeurs de perchlorure de phosphore et de protochlorure mélangées. Lorsque la vapeur de perchlorure de phosphore possède dans son mélange avec celle du protochlorure une pression de 423 millimètres, la densité obtenue aux environs de 175° a été de 6,68. Cette densité s'est élevée, sans que la température ait sensiblement varié, à 7,74 et même à 8,30, quand la pression est descendue vers 170 millimètres (168 millimètres à 170 millimètres).

Si la vapeur est diffusée dans l'air, les résultats que l'on obtient s'écartent moins de ceux que donne la méthode directe. Et cependant la différence des résultats fournis par les deux méthodes est encore sensible.

Nous nous sommes étendus longuement sur les idées de MM. Troost et Hautefeuille, qui ont été l'objet de trois communications à l'Institut, parce qu'elles résument toutes les objections que l'on peut faire à la méthode par diffusion qui, bien qu'approximative, permet toutefois de trancher le point fondamental en litige « 2 volumes se combinant avec 2 autres volumes font-ils 2 volumes de corps combinés ou 4 volumes? »

Que demandaient M. Wurtz et d'autres expérimentateurs à ce procédé par diffusion? Un moyen rationnel de prévenir la dissociation et rien de plus. Si les résultats sont entachés d'une légère erreur, il n'en est pas moins bien certain que cette erreur ne va pas du simple au double, de telle sorte qu'elle reste sans importance pour la question en discussion.

MM. Troost et Hautefeuille ont donc montré le caractère relatif de la loi de Dalton pour les vapeurs même suffisamment éloignées de leur point de liquéfaction, sans porter atteinte aux conclusions fondamentales de leurs contradicteurs sur le mode de combinaison des vapeurs et leur dissociation.

Composés mercuriaux — Le calomel ou chlorure mercureux a été également l'objet de recherches nombreuses pour déterminer sa densité de vapeur réelle.

M. Odling, qui s'est occupé le premier de cette question, a envisagé la vapeur de calomel comme dissociée à la température où l'on prenait sa densité. Il trouve une confirmation de son assertion dans ce fait qu'une lame d'or plongée dans la vapeur de calomel, se trouve blanchie par la vapeur de mercure en même temps qu'elle se recouvre d'un dépôt contenant du bichlorure. Vers la même époque (1864) M. Erlenmeyer[1], à la suite d'une expérience différente, arriva aux mêmes conclusions.

Ce chimiste chauffa pendant 30 minutes aussi fortement que possible du calomel dans un ballon à long col, en verre dur de 350 cc. Le ballon était rempli de vapeur, à la température de l'opération. Le col du ballon était traversé par un long tube fermé à un bout et contenant une colonne de mercure de quelques centimètres de hauteur, qui entrait en ébullition au contact de la vapeur de calomel. Quand l'expérience eut été prolongée suffisamment, Erlenmeyer trouva, dans l'intérieur du col du ballon et sur le tube intérieur, un peu au-dessus du niveau du mercure dans ce tube, des globules apparents de mercure. Dans une expérience longtemps continuée, ce chimiste put recueillir 0 gr 0290, de mercure et constater la présence du bichlorure de mercure dans les produits condensés avec ce métal.

En 1866, M. Debray chercha à reproduire l'expérience de M. Odling, qui consistait à plonger une lame d'or au sein de la vapeur de calomel à 440°. La lame d'or n'éprouva aucune amalgamation, comme l'avait avancé M. Odling. M. Debray était tenté de nier la dissociation du chlorure mercureux en chlorure mer-

---

1. *Annalen der Chemie und Pharm.*, 1864, p. 124.

curique et mercure, lorsque M. Lebel démontra qu'une lame d'or,
préalablement blanchie par le mercure, perd tout ce métal
quand on la maintient à la température de 440°.

M. Debray analyse les assertions précédentes dans une note
à l'Institut [1]. Ce savant chimiste soupçonne que, dans les conditions où s'est placé Erlenmeyer, le verre est fortement attaqué
par le calomel en vapeurs; son alcali se transforme en chlorure
et une quantité proportionnelle de mercure se trouve mise en
liberté. Ce serait là l'explication rationnelle de cette quantité de
mercure mise en liberté qui varie, suivant la remarque d'Erlenmeyer, avec la durée et l'intensité de la chauffe.

M. Debray dit qu'il faut rejeter le ballon en verre de cette
expérience. Le verre contient toujours des chlorures alcalins qui
peuvent exercer sur le chlorure mercureux l'action décompo-
sante attribuée au phénomène de la dissociation sous l'influence
de la chaleur.

M. Debray a vu également que la lame d'or ne pouvait pas
s'amalgamer au sein de la vapeur de calomel dissocié, comme
l'avait dit M. Lebel. Il faut, en effet, pour que la lame d'or
blanchisse au sein de la vapeur de calomel dissocié en mercure
et en bichlorure, que sa tension de dissociation soit inférieure
à 1/2 atmosphère à 440°. M. Debray a reconnu que la lame d'or
ne blanchissait pas même dans la vapeur de mercure à la pression atmosphérique. Ce moyen doit donc être, rejeté pour
apprécier le phénomène de dissociation dans la vapeur de
calomel.

M. Debray a réussi à démontrer la dissociation du calomel
en le chauffant à 440° dans un tube de platine. Un tube creux
en U, en argent doré, dans lequel circulait un courant d'eau froide
fut plongé dans la vapeur de calomel. Après quelques secondes,
le tube retiré et examiné présentait, à sa surface, du calomel
mélangé d'un peu de mercure qui n'avait pas attaqué l'or. Ce

1. *Comptes rendus de l'Académie des sciences,* t. LXXXIII, 1876.

dernier est manifestement blanchi si l'on frotte cette poudre sur le tube.

Le savant chimiste conclut de cette expérience que le calomel éprouve un commencement de décomposition à 440°; mais que l'on n'est nullement fondé à admettre, comme le veut Odling, un dédoublement complet du protochlorure en mercure et bichlorure.

Nous ferons remarquer que l'expérience précédente de M. Debray prouve d'une façon évidente qu'il y a dissociation, M. Debray ajoute que cette dissociation est évidemment partielle. Il nous semble que tout porte à croire que l'action condensante du tube favorise la recombinaison du chlorure avec le mercure, comme l'acide chlorhydrique se recombine avec le gaz ammoniac dans le chlorhydrate d'ammoniaque dissocié par refroidissement. Nous allons voir le chlorhydrate d'amylène dissocié, refroidi brusquement, présenter à l'état libre un peu d'acide chlorhydrique et d'amylène non combinés.

L'interprétation, que nous donnons là du résultat de l'expérience de M. Debray, nous paraît entièrement fondée. La petite quantité de mercure mélangée au calomel nous rappelle la petite quantité d'amylène mélangé au chlorhydrate d'amylène.

Les expériences de M. Marignac nous amènent à conclure que la volatilisation du calomel s'accompagne de dissociation. Le physicien a tiré ses conclusions de la chaleur latente de volatilisation du calomel, procédé qui l'a amené à conclure, pour le chlorhydrate d'ammoniaque en faveur de la dissociation. Toutefois, cet habile expérimentateur dit que la détermination de la chaleur latente de chlorure mercureux est sujette à beaucoup d'incertitude. Nous noterons encore que la lame d'or, d'après M. Marignac, aurait légèrement blanchi.

L'iodure de mercure comme le chlorure mercureux donne lieu à un phénomène de dissociation[1]. La vapeur d'iode, qui a

1. *Comptes rendus de l'Académie des sciences,* p. 1458, année 1866.

une coloration violette très-tranchée, traduit le phénomène d'une façon éclatante comme la coloration verte du chlore, ou jaune du brome, ont prouvé la dissociation du perchlorure de phosphore et du bromochlorure de phosphore. La coloration jaune intense que prend le peroxyde d'azote à mesure que sa température s'élève, est encore un indice de dissociation.

La densité de ce corps décroît rapidement jusqu'à 43°; la décroissance se ralentit pour devenir nulle vers 150°, point où la coloration jaune atteint un maximum. Az^2O^4 incolore deviendrait $2AzO^2$ coloré [1].

Chlorhydrate et bromhydrate d'amylène. — En 1866 [2] M. Wurtz étudia avec soin les phénomènes de dissociation qui se passent pour le chlorhydrate et le bromhydrate d'amylène. 2 volumes de gaz chlorhydrique ou bromhydrique se combinent avec 2 volumes du carbure d'hydrogène amylène, pour donner naissance à 2 volumes de chlorhydrate d'amylène ou de bromhydrate d'amylène, si l'on prend la densité de vapeur de ces combinaisons à une température suffisamment basse c'est-à-dire à peine supérieure au point d'ébullition, la densité est trouvée normale. Mais si l'on élève la température de cette vapeur, on voit la densité progressivement diminuer jusqu'à ce qu'elle soit la moitié de celle trouvée à une température voisine du point d'ébullition. Assurément on ne peut avoir l'idée d'admettre deux densités de vapeur pour le chlorhydrate d'amylène.

Il est naturel de penser que la vraie densité est celle déterminée à une température assez basse pour qu'il n'y ait pas de dissociation.

Si l'on abaisse la température du chlorhydrate d'amylène dissocié, il ne se reconstitue pas complétement, comme nous le voyons pour d'autres vapeurs, l'acide chlorhydrique et l'amylène n'ayant pas assez d'affinité l'un pour l'autre pour se recom-

1. *Comptes rendus de l'Académie des sciences,* t. LXVII, p. 488. 1868.
2. Voir *Comptes rendus de l'Académie des sciences,* t. LX., p. 728. — *Ibid.,* t. LXII, p. 1182. — *Ibid.,* t. LX, p. 824.

biner complétement par refroidissement. On trouve une petite quantité d'acide chlorhydrique libre et d'amylène.

M. Déville objecta que si la densité du bromhydrate d'amylène décroît progressivement avec la température, c'est qu'il offre un coefficient de dilatation variable. En cela le bromhydrate d'amylène se rapprocherait du soufre. M. Wurtz ne nie pas l'analogie; mais il donne pour le soufre la même interprétation que pour le bromhydrate d'amylène. Le fait d'un coefficient de dilatation variable n'est que le résultat d'un examen superficiel; en réalité il se passe pour le soufre ce qui se passe pour le composé amylénique : il se fait une dissociation des particules de soufre[1] à des températures élevées.

D'ailleurs, puisque la décomposition du bromhydrate d'amylène va progressivement, et qu'il y a des limites de température où il peut, suivant l'opinion de M. Lieben, coexister de l'acide bromhydrique, de l'amylène et du bromhydrate d'amylène, on verra se dégager de la chaleur à ces limites de température lorsqu'on fera arriver au contact de l'acide bromhydrique et de l'amylène. Moins il y aura du bromhydrate d'amylène dissociable à la température où l'on fait arriver les deux corps au contact l'un de l'autre, plus il y aura de dégagement de chaleur; autrement dit, plus la température sera éloignée du point d'ébullition, plus la chaleur dégagée sera grande, puisque plus forte doit être la combinaison.

M. Wurtz a fait des expériences qui confirment pleinement ces prévisions. Entre 120° et 130° l'élévation de température déterminée par la combinaison a été de 4 à 5°. A 185° le bromhydrate d'amylène se dissociant, d'après la théorie de Wurtz, le dégagement de chaleur doit être moindre. L'opération a été exécutée entre 215° et 225°, l'élévation de température a été seulement de 0°,5; la combinaison des gaz n'a donc été que partielle.

1. Nous disons particules pour ne rien préjuger de cette question, sur laquelle nous reviendrons dans le second chapitre.

DENSITÉ DE VAPEUR DE QUELQUES ACIDES GRAS.

1° *Acide acétique.* — Aux densités de vapeurs anomales que nous avons rapportées et discutées dans les pages précédentes, nous joindrons l'étude de la vapeur d'acide acétique, qui présente un grand intérêt.

D'après M. Cahours [1], la densité de la vapeur d'acide acétique diminue à mesure qu'on élève sa température. Au-dessous de 230° par exemple, cette densité est supérieure à 2,08, puis elle devient constante au-dessus de cette température.

Température.	Densité.	Température.	Densité.
125°	3,20	219°	2,17
130	3,12	230	2,00
140	2,90	250	2,08
150	2,75	280	2,08
160	2,48	300	2,08
171	2,42	321	2,08
190	2,30	327	2,08
200	2,22	338	2,08

M. Bineau [2] étudia ensuite la densité de vapeur de l'acide acétique à de basses températures et sous des pressions faibles; il obtint les résultats suivants :

Température.	Force élastique. millim.	Densité.
12°	5,23	3,92
20	4	3,74
20	5,6	3,77
20	8,5	3,88
20	10,0	3,96
30	6,9	3,60
30	10,7	3,73

MM. Wanklyn et Playfair ont employé plus tard le procédé de diffusion dans l'air ou l'hydrogène, pour prendre la densité de l'acide acétique à des températures peu élevées [3].

1. *Comptes rendus de l'Académie des sciences*, t. XX, p. 51.
2. *Annales de chimie et de physique*, 3ᵉ série, t. XVIII, p. 229 et suiv.
3. *Proceed. of the Royal Society of Edinburg*, t. V, p. 395.

Ils sont arrivés aux résultats suivants :

Température.	G : V	Densité.
95°,4	5 : 1	2,59
86°,5	2,5 : 1	3,17
79°,9	8 : 1	3,34
62°,5	16 : 1	3,90

G : V indique le rapport en volume du gaz à la vapeur. Dans la première expérience, ces expérimentateurs eurent recours à l'air; dans les autres, à l'hydrogène.

M. Naumann a aussi entrepris des recherches sur la vapeur d'acide acétique, en recourant à l'appareil d'Hofmann [1].

Voici les conclusions de 70 déterminations effectuées dans diverses conditions de température et de pression ;

1° La température étant constante et la pression allant en croissant, la quantité d'acide acétique contenue dans l'unité de volume augmente plus vite que la pression ;

2° La densité de vapeur de l'acide acétique, rapportée à celle de l'air dans les mêmes conditions de température et de pression décroît à mesure que la température s'élève, la quantité d'acide contenue dans le même espace restant la même.

Nous ajouterons aux recherches précédentes celles de M. A. Horstmann.

Ce chimiste a déterminé la densité de l'acide acétique par un procédé analogue à celui de MM. Wanklyn et Playfair [2]. Il a saturé de vapeur d'acide acétique un volume connu d'air à une température connue, et en déterminant la quantité d'acide acétique diffusée dans cet air.

Si P représente le poids d'acide acétique contenu dans ce volume d'air Vo (réduit à 0° et 760^{mm}) on a l'équation suivante :

$$P = Vo \frac{f}{H-f} 0,001293 \, D$$

---

1. *Deutsche chemische Gesellschaft*, t. III, p. 702, 1870, n° 13; et *Annalen der Chemie und Pharm.*, t. CLV (sept. 1870).

2. *Deutsche chemische Gesellschaft*, t. III, p. 78, 1870, n° 2.

II est la pression atmosphérique, f la tension de vapeur de l'acide acétique à la température de l'expérience et D la densité de vapeur.

On déduit de cette équation :

$$D = \frac{P\,(H - f)}{V_0 \times f \times 0{,}001293}$$

M. Horstmann employa la disposition suivante :

Un volume mesuré d'air sec passait à travers un vase rempli d'acide acétique; ce dernier était porté à une température un peu supérieure à celle de l'expérience. Cet air passait ensuite dans un long tube rempli de perles de verre humectées avec de l'acide acétique. A l'aide d'un manchon à double paroi, il était facile de régler la température et de la maintenir constante.

Avant de prendre la densité de cet air saturé de vapeur d'acide acétique, M. Horstmann s'assura, par l'analyse exécutée sur une petite quantité, que l'air sortait parfaitement saturé.

Dans le calcul de ses expériences, le chimiste allemand employa pour les tensions de l'acide acétique les chiffres trouvés par M. Landolt [1], chiffres qui représentent la tension de la vapeur de l'acide acétique dans le vide; les différences sont d'ailleurs très-faibles.

Nous consignons dans le tableau suivant les résultats de M. Horstmann, qui montrent comme dans les expériences précédentes la marche analogue des phénomènes.

Température. degrés.	Tension. millim.	Densité.	Température. degrés.	Tension. millim.	Densité.
12,4	13,5	1,89	27,6	26,5	2,47
12,7	13,7	1,96	33,3	33,4	2,58
14.7	15,1	1,78	38,5	41,5	2,72
15,6	15,6	1,98	38,5	41,5	2,79
17,4	15,8	2,09	44,6	53,1	2,75
20,2	19,0	2,28	48,7	63,0	2,98
21,5	20,4	2,24	51,1	69,0	3,16
22,6	21,2	2,29	59,9	97,0	3,12
25,0	23,2	2,42	62,9	109,2	3,11
26,5	25	2,32	63,1	110,0	3,19

1. *Annalen der Chemie und Pharmacie*, t. VI, p. 157.

2° *Acides formique, butyrique, valérique.* — Les acides formique, butyrique, valérique ont présenté les mêmes anomalies.
A de basses températures, ces corps présentent une densité de
vapeur bien au-dessus de celle qu'ils présenteront à des températures élevées (Cahours).

Hydrate de chloral. — Nous avons étudié précédemment
quelques corps dont la densité semblait répondre à 4 volumes
de vapeur et qui de fait se dissocient à la température où l'expérience avait été pratiquée.

Il y a un an, M. Troost étudiant l'hydrate de chloral conclut de la densité de vapeur de ce composé, que 2 volumes
de vapeur d'eau se combinent avec 2 volumes de chloral
anhydre pour faire 4 volumes d'hydrate de chloral sans condensation [1].

M. Wurtz montra encore qu'il y avait réellement dissociation
dans les conditions où la densité de vapeur avait été prise. Il
prouva que la méthode ingénieuse et détournée employée par
M. Troost pour résoudre la question avait reçu une fausse
interprétation.

Rappelons d'abord que M. Dumas, en 1834 [2], prend la densité
de vapeur du chloral hydraté et obtient le nombre 2,76 et
conclut que l'eau se combine avec le chloral sans condensation.
Naumann [3] reprit, ces derniers temps, l'expérience de M. Dumas.
Il trouve le chiffre 2,82, prenant la densité de vapeur à 78° et
à 100°. Il n'hésite pas à conclure que l'hydrate de chloral se
dissocie, à la température de l'expérience, en 2 volumes de
vapeur d'eau et 2 volumes de chloral.

M. Troost cherche un moyen pour trancher la question. Il
fait le raisonnement suivant :

« Dans le cas de dissociation, la vapeur dont la force élasti-

1. *Comptes rendus de l'Académie des sciences,* t, LXXXIV, p. 708,
1877.

2. *Annales de chimie et de physique,* 2ᵉ série, t. LVI, p. 132 et 136.

3. *Deutsche chemische Gesellschaft,* t. IX, p. 822.

que est F, doit se conduire comme un gaz humide, mélange de volumes égaux de gaz sec et de vapeur d'eau ayant chacun une force élastique $\frac{F}{2}$. Dans le second cas, c'est-à-dire s'il n'y a pas eu de décomposition, la vapeur devra se comporter comme un gaz sec, ayant une tension F. La question est encore ramenée à un problème très-simple : reconnaître si un gaz est sec ou humide. »

M. Troost choisit l'appareil d'Hofmann. Il introduit un poids connu d'hydrate de chloral, susceptible de s'y volatiliser en totalité.

Il choisit maintenant un sel dont la tension de dissociation préalablement déterminée est trouvée inférieure par exemple à $\frac{F}{2}$. Si donc l'hydrate de chloral est décomposée, ce sel se trouvera en présence d'une proportion de vapeur d'eau plus grande que celle qu'il peut émettre à la même température : il ne se dissociera donc pas. Donc peu de changement dans la tension totale de la vapeur contenue dans l'appareil. Égale à F, avant l'introduction du sel hydraté, elle sera encore égale à F.

M. Troost choisit l'oxalate neutre de potassium hydraté, dont la tension de dissociation est à 78° et 100° dans l'air de 53 et 182 millimètres.

Dans l'expérience citée par l'auteur, la tension était devenue vite constante et égale à $117^{mm},5$, avant l'introduction de l'oxalate neutre de potassium hydraté. Un centimètre cube environ de sel est alors introduit. En présence d'un mélange de vapeur de chloral et de vapeur d'eau ayant chacune une tension $\frac{117,5}{2} = 58^{mm},75$, l'oxalate ne devait pas se dissocier, puisque la tension de la vapeur d'eau, qu'il pouvait émettre, ne dépassait pas 53 millimètres. La force élastique des gaz contenus dans l'appareil ne devait donc pas augmenter, elle devait rester égale à $117^{mm},5$. Or M. Troost constata que cette force élastique augmentait peu à peu et ne devenait stationnaire que lorsqu'elle avait atteint 104^{mm},5. Donc accroissement de 47 millimètres qui aurait atteint, dit MM. Troost, 53 millimètres, tension de dissociation du sel hydraté si la loi du mélange du gaz était rigoureusement exacte, si l'hydrate de chloral n'avait pas lui-même une faible tension de dissociation à cette température.

Conclusions : le sel hydraté se dissocie donc dans la vapeur d'hydrate de chloral comme dans un gaz sec. L'hydrate de chloral n'est donc pas dissocié à 78°, comme l'avait avancé Naumann, pas plus d'ailleurs qu'à 100°. L'expérience a été faite aussi à cette dernière température. Deux volumes de vapeur chloral anhydre se combinent donc avec 2 volumes de vapeur d'eau, pour donner 4 volumes de vapeur de chloral hydraté sans condensation.

Ces conclusions de M. Troost, basées sur un mode d'expérimentation très-ingénieux, sont plus spécieuses que solides, comme nous l'allons voir, et semblent reposer finalement sur une interprétation vicieuse des phénomènes.

M. Wurtz, en effet, quelques jours plus tard [1], répondit au savant chimiste en reprenant son expérience.

« L'expérience que cite M. Troost, dit M. Wurtz, a été faite dans l'appareil de M. Hofmann, à une température de 78°. La quantité de chloral employée a été telle que sa vapeur possédât une tension de 117 millimètres. Cette quantité de chloral est très-petite. Les appareils de M. Hofmann sont construits de telle façon qu'à la tension 117 correspond 1 volume de 40 à 50^{cc} environ; or 50 ^{cc} de vapeur d'hydrate de chloral à 78° et 0^m,117 ne pèsent que 22 milligrammes et ne renferment que 2 milligrammes 4 d'eau.

Il a donc suffi d'introduire dans l'appareil avec 1^{cc} d'oxalate neutre de potassium 1 milligramme d'eau, sous forme d'eau hygroscopique pour déprimer notablement la colonne de mer-

1. *Comptes rendus de l'Académie des sciences*, t. LXXXIV, 1877, page 977.

cure ; 1 milligramme de vapeur d'eau à 0^m,117 et 78° occupé en effet 10^{cc},3. »

M. Wurtz se met dans les mêmes conditions que M. Troost, mais il fait deux expériences comparatives. Dans l'une il opère sur la vapeur de chloral hydraté, dans l'autre sur un mélange d'air et de vapeur d'eau. Ces deux mélanges sont soumis dans les appareils identiques à la même température et à la même pression, de telle sorte que la tension de la vapeur d'eau dans ces mélanges soit égale ou légèrement supérieure à la tension de dissociation de l'oxalate neutre de potassium.

« Toutes précautions prises, dit M. Wurtz, la colonne mercurielle s'est déprimée d'une manière insignifiante[1] et de la même façon dans les deux mélanges, preuve que le premier renferme, comme l'autre, de la vapeur d'eau.

« L'oxalate de potassium employé contenait, après dissociation à l'air, 10,05 0/0 d'eau. Exposé pendant trente-six heures dans une cloche au-dessous d'un vase renfermant de l'acide sulfurique, il a abandonné à 100° 9,8 0/0 d'eau. Le calcul exige 9,76 pour la formule $C^2O^4K^2 + H^2O$. L'analyse a donné 42, 3 0/0 de K ; le calcul exige 42, 4 0/0. Le sel employé était donc pur.

« L'hydrate de chloral était en beaux cristaux fusibles de 49 à 50°. Point d'ébullition à 97°. »

M. Wurtz refait l'expérience dans d'autres conditions, afin de pouvoir employer une plus grande quantité d'hydrate de chloral, et rendre ainsi l'influence d'une petite quantité d'eau hygroscopique presque sans importance. Opérant à 100°, a tension de l'oxalate de potassium hydraté est de 182 millimètres. La tension de la vapeur de l'hydrate de chloral doit atteindre au moins 364 millimètres et, dans ces conditions, la tension de la vapeur

---

1. La colonne mercurielle s'est déprimée de 10 millimètres dans la vapeur de chloral, de 12 millimètres dans le mélange d'air et de vapeur d'eau, les tensions initiales (corrigées) étant 113 millimètres pour la vapeur de chloral, et de 106 millimètres pour l'air et la vapeur d'eau.

d'eau provenant de la dissociation étant de $\frac{364}{2} = 182$ mill., doit prévenir toute dissociation de l'oxalate. Il en est réellement ainsi. Dans une expérience, prolongée pendant plusieurs heures, la colonne mercurielle n'a baissé que de quelques millimètres.

M. Wurtz a fait trois expériences simultanées, à la même température, avec des éléments différents.

    1re expérience, hydrate de chloral   avec 1 gramme oxalate.
    2e expérience, air sec et vapeur d'eau   —
    3e expérience, air sec   —

Dans les trois cas, on s'est arrangé pour avoir la même tension de 364 millimètres, avant l'introduction de l'oxalate de potassium hydraté. Eh bien! tandis que, dans les deux premières expériences, il y a eu une dépression de la colonne mercurielle de 5 à 6 millimètres au bout de trois heures, il y a eu une dépression de 80 millimètres au sein de l'air où la dissociation de l'oxalate a pu s'effectuer librement.

M. Wurtz conclut de ces expériences si nettes, si éloquentes, que l'oxalate de potassium se comporte au sein du chloral hydraté comme dans un mélange de chloral anhydre et de vapeur d'eau.

Donc la vapeur d'hydrate de chloral, dont la densité est deux fois trop faible, représente en réalité une vapeur dissociée.

Nous renvoyons aux *Comptes rendus de l'Académie des sciences*, t. LXXXIV, 1877, p. 982, pour les chiffres d'expériences trouvés par M. Wurtz.

A la même époque, M. Berthelot[1] mesure les quantités de chaleur dégagées, par la dissolution dans l'eau du chloral et de son hydrate, par la réaction des alcalis sur ces deux corps et sur le chloral insoluble, les chaleurs spécifiques du chloral et

1. *Comptes-rendus de l'Académie des sciences*, t. LXXXV, n° 1, 2 juillet 1877, page 8.

de son hydrate, la chaleur de fusion de ce dernier, enfin les chaleurs de vaporisation de ces deux corps.

M. Berthelot conclut de ses expériences, pour le détail desquelles nous renvoyons aux *Comptes-rendus*, qu'il y a dégagement de chaleur dans la réaction du chloral gazeux sur l'eau gazeuse, avec formation d'un composé gazeux; l'hydrate de chloral gazeux existerait donc véritablement, d'après M. Berthelot, comme composé distinct d'un simple mélange des deux vapeurs.

Mais nous nous demanderons, si le dégagement de chaleur (d'ailleurs très-faible dans les expériences de Berthelot) qui a été constaté par ces méthodes indirectes, est une preuve de combinaison complète? M. Deville a constaté un dégagement de chaleur dans son expérience sur le chlorhydrate d'ammoniaque, et cependant aujourd'hui il est parfaitement démontré, depuis les intéressantes recherches de M. Marignac, que le chlorhydrate d'ammoniaque est dissocié à la température où a été prise sa densité de vapeur. L'expérience de M. Berthelot, basée sur le phénomène chaleur, a-t-elle la portée de celles de M. Wurtz, qui ne laissent, à notre sens, aucune prise à la critique et s'imposent, en quelque sorte, à l'esprit? Elle prouve qu'une combinaison partielle s'effectue probablement, comme nous l'avons vu pour le chlorhydrate d'ammoniaque dans l'expérience de M. Deville. Il n'en est pas moins vrai que la majeure partie reste dissociée, point important pour l'interprétation de la densité de vapeur.

Hydrate de bromal. — M. Schœffer[1] a montré que l'hydrate de bromal se décompose à la distillation en bromal anhydre et en eau. Peut-il rester quelque doute sur l'interprétation rationnelle à donner de sa densité de vapeur, qui, sans doute, doit être deux fois trop faible?

1. Schœffer, *Beriche der deutschen chemische Gesellsch. fur Berlin*, t. IV, p. 366.

La dissociation peut-elle être suivie de recombinaison par élévation de température? — Nous avons discuté longuement dans ce chapitre l'action de la chaleur sur certaines vapeurs composées, action qui se traduit par un phénomène de dissociation. L'affinité a été en quelque sorte brisée par les vibrations calorifiques.

Mais MM. Troost et Hautefeuille ont prétendu qu'au-dessus de cette température de décomposition certains corps pouvaient se reconstituer[1]. Ce fait aurait été constaté par M. Ditte pour les acides sélénhydrique et tellurhydrique[2]. Ces derniers acides en effet si faciles à décomposer par la chaleur en leurs éléments, pourraient se reproduire aux dépens de ces mêmes éléments à une température plus élevée que celle à laquelle ils se décomposent.

Le sesquichlorure de silicium en particulier, très-stable à la température ordinaire, commence à se décomposer vers 350°; sa décomposition serait complète vers 800° en silicium et perchlorure. Si on élève la température jusqu'à 1,200° dans un tube de porcelaine, le sesquichlorure de silicium reprendrait naissance. On peut isoler, disent ces expérimentateurs, le sesquichlorure de silicium ainsi formé, en le refroidissant brusquement. Si on le laisse arriver, ajoutent-ils, dans les parties du tube de porcelaine où la température ne dépasse pas 800°, il s'y décompose, en donnant du silicium cristallisé qui ne tarde pas à obstruer le tube. Au lieu de recueillir du sesquichlorure qui bout à 146°, on ne trouve que du perchlorure bouillant à 58°. MM. Troost et Hautefeuille ajoutent qu'ils ont observé des phénomènes semblables avec le protochlorure de silicium et le sous-fluorure de silicium.

Ces savants expérimentateurs concluent que le sesquichlorure de silicium présente une grande stabilité à une tempéra-

1. *Comptes rendus de l'Académie dee sciences*, juillet 1877, t. LXXXIV, p. 946.

2. *Comptes rendus de l'Académie des sciences*, t. LXXIV, p. 980.

ture très-supérieure, aussi bien qu'à une température inférieure à celle de leur dissociation.

Est-ce là l'interprétation logique de l'expérience précédente ? L'apparition du sesquichlorure de silicium, par refroidissement brusque, est-elle une preuve de l'existence de ce composé à haute température ? Le fait même du refroidissement n'amène-t-il pas la reconstitution du composé dissocié ? Il est parfaitement prouvé que le chlorhydrate d'ammoniaque est dissocié à la température de sa volatilisation ; et cependant refroidissez brusquement les vapeurs dissociées de gaz chlorhydrique et de gaz ammoniac, vous faites réapparaître le chlorhydrate d'ammoniaque. L'expérience apprend que les vapeurs qui ont peu d'affinité l'une pour l'autre peuvent, par un refroidissement brusque, ne pas se reconstituer complétement. Ainsi le chlorhydrate d'amylène reconstitué par refroidissement brusque après dissociation sous l'influence de la chaleur, peut-il présenter un peu d'acide chlorhydrique et d'amylène libre ; ainsi le calomel peut-il présenter un peu de mercure et de bichlorure, qui ont échappé à la recombinaison sous l'influence d'une réfrigération rapide. Ces produits sont les indices évidents d'une dissociation complète, qu'on a pour ainsi dire surprise par le refroidissement brusque.

N'est-ce pas là l'explication la plus probable de ces faits décrits par MM. Troost et Hautefeuille ?

Ces chimistes prétendent également que le chlore attaque le platine à haute température, qu'il se forme du protochlorure de platine, lequel se dissocie, puis peut se reconstituer, et cela avec des élévations progressives de température. Nous nous permettrons de douter de la valeur de cette interprétation.

Du platine est chauffé à 1,400°, à une température où il n'est ni fusible, ni volatil.

On fait arriver quelques bulles de chlore, du platine en cristaux se dépose dans les parties du tube qui sont à une température *moins élevée* (?). Donc la dissociation s'est effectuée à une température inférieure à celle de la combinaison. Nous demanderions dans le cas actuel s'il est prouvé que le chlore arrivant au contact du platine avait bien la température de 1,400°; si en un mot le chlore n'a pas exercé une action réfrigérante partielle étant lui-même à une température bien inférieure à 1,400°; si alors il ne s'est pas fait du protochlorure de platine qui s'est dissocié dans les parties du tube à température soi-disant moins élevée, mais qui en réalité était plus élevée que celle à laquelle sa combinaison s'est effectuée.

Pour isoler ce protochlorure de platine, MM. Troost et Hautefeuille font traverser le tube de porcelaine contenant le platine par un tube de verre mince refroidi par un courant d'eau froide. Du protochlorure de platine se dépose sur la paroi froide du tube de verre. Pour ces chimistes le protochlorure de platine aurait été surpris, en quelque sorte, au-dessus de sa température de décomposition. Il n'aurait pas eu le temps de se dissocier. Pour nous, nous sommes tenté d'admettre que le protochlorure de platine condensé était formé à une température inférieure à celle de sa dissociation.

Tant que MM. Troost et Hautefeuille n'auront pas prouvé que la combinaison du chlore et du platine s'effectue bien à une température réellement supérieure à celle où les cristaux de platine se sont déposés, il n'y a rien de fait, ce nous semble.

Est-on certain que le platine présente réellement une température de 1,400° au moment de sa combinaison avec le chlore lorsqu'un courant d'eau froide passant à travers le tube mince absorbe des quantités notables de chaleur?

Cependant, il est une expérience faite par ces chimistes sur l'oxygène, qui demande plus d'attention :

L'ozone, on le sait, se dissocie à 250°. D'après MM. Troost et Hautefeuille, il se formerait cependant aux dépens de l'oxygène de 1,300° à 1,400°. Voici l'expérience : Un tube d'argent, maintenu froid au moyen d'un courant d'eau, est fixé dans un tube de porcelaine où circule de l'oxygène porté à 1,400°. Le tube se recouvre de bioxyde d'argent, insoluble dans l'acide acétique, soluble avec dégagement de gaz dans l'ammoniaque. On eut obtenu une réaction identique à la température ordinaire avec l'oxygène ozonisé. Par un tube de petit diamètre logé dans le tube froid, on extrait de cet oxygène porté à 1,400°, et l'on constate qu'il a toutes les propriétés de l'azone, qu'il décolore l'indigo, par exemple. Au lieu de le refroidir brusquement, si on le refroidit lentement, on n'obtient que de l'oxygène. L'ozone formé à haute température se dissocierait par refroidissement lent.

Cette expérience assurément mérite attention ; aussi ferons-nous des réserves, malgré notre répugnance à admettre ces phénomènes de décomposition, puis de reconstitution, opérés par la chaleur.

CONCLUSIONS.

Pour résumer cette étude générale sur l'action de la chaleur sur les corps, nous voyons que cette action est complexe, que l'affinité est tantôt sollicitée, tantôt brisée par l'agent chaleur. Les phénomènes physico-chimiques que nous avons présentés avec quelques détails, nous montrent combien est variée cette action qui liquéfie un corps solide, le volatilise, le fait entrer en combinaison avec un autre, décompose ou dissocie cette combinaison.

De cet ensemble de phénomènes multiples à phases variées, se détachent certains points communs et fondamentaux. Les gaz et les vapeurs, sous l'influence des agents physiques ou mécaniques, se comportent suivant un mode qui offre une certaine uniformité et autorise en quelque sorte la conception d'une constitution analogue.

Assurément la loi de Mariotte est relative ; assurément le coefficient de dilatation est variable dans certaines limites, mais éloignons de leur point de la liquéfaction ces gaz ou vapeurs, nous les voyons alors se comporter d'une façon identique, sous l'action des agents auxquels on les soumet. Si leur coefficient de dilatation présente des anomalies à mesure qu'on se rapproche de l'état liquide, il est facile d'en donner une explication rationnelle. Et en cela nous ne croyons pas devoir nous rallier à l'explication de M. Deville, qui établit trois catégories de corps à densité de vapeur variable savoir :

1° Des corps dont le coefficient de dilatation change en raison d'un état de dimorphisme; tel serait le cas de l'acide acétique;

2° Des corps dont le coefficient de dilatation varierait en raison d'un changement d'état isomérique;

3° Des corps dont le coefficient de dilatation varie en raison de l'état de dissociation où ils se trouvent.

Nous pensons, dans tous ces cas particuliers, que le phénomène dissociation accompagne le phénomène dilatation; de là des perturbations dans la marche de cette dilatation qui devient uniforme pour toutes les vapeurs à des températures suffisamment élevées.

Une loi remarquable et fondamentale, celle de Gay-Lussac, préside aux phénomènes de combinaison des corps gazeux entre eux.

Prenez n'importe quelle combinaison, elle nous présente les corps sous 2 volumes de vapeur; les 2 volumes de vapeurs composées résultent les uns d'une combinaison sans condensation, les autres, et c'est la majorité, d'une combinaison avec condensation. Nous avons rapporté en détail toutes les expériences faites sur la vapeur de bromhydrate d'amylène, de chlorhydrate d'ammoniaque, de chlorure mercureux, de perchlorure de phosphore, etc., afin d'asseoir la loi de Gay-Lussac sur ses véritables bases.

Nous avons insisté sur les conclusions rationnelles à tirer des débats. Nous nous sommes cru autorisé à conclure en faveur de la dissociation, dans les cas fondamentaux que nous avons

envisagés où certains chimistes prétendaient que la combinaison était persistante ; autrement dit 2 volumes d'une vapeur
ne peuvent pas se combiner avec 2 volumes d'une autre vapeur
pour faire 4 volumes de vapeur. La combinaison a lieu avec
condensation : il se forme 2 volumes de vapeur. Dans les cas où
l'on croyait à la formation de 4 volumes il a été prouvé que les
corps, préalablement combinés, étaient dissociés à la température où leur densité avait été prise. Aucun fait jusqu'à présent
n'autorise à envisager les combinaisons gazeuses sous un jour
différent. Est-ce à dire que dans l'avenir de nouvelles expériences
sur de nouveaux corps n'ébranleront pas ces premières conclusions? Il serait hardi peut-être de se prononcer ; toujours est-il
que les recherches nombreuses faites depuis vingt ans semblent
donner une généralisation imposante au phénomène tel que nous
l'avons présenté. Les cas litigieux, ceux précisément sur lesquels
nous avons insisté, ont été expliqués logiquement ; que de nouvelles difficultés se présentent, elles recevront probablement la
même solution, déduite de l'expérimentation.

Cette loi de Gay-Lussac ainsi interprétée, devient la clef de
voûte d'une théorie chimique qui a joué et joue un rôle important dans l'évolution de la science, théorie qui doit s'effondrer
du jour où l'interprétation que nous avons donnée des combinaisons en volumes est démontrée fausse. Cette théorie, qui est
la théorie atomique, repose sur une hypothèse d'Avogadro et
d'Ampère sur la constitution des gaz ou vapeurs, hypothèse
féconde qui ressort de la loi des combinaisons gazeuses et des
propriétés physiques des gaz.

Notre second chapitre est destiné à montrer l'évolution de
la théorie atomique, depuis cette hypothèse d'Avogadro et
d'Ampère que nous allons développer, en suivant son influence
féconde sous la direction de certains esprits.

CHAPITRE SECOND

§ 1. — Les densités de vapeurs au point de vue chimique.

Historique. Les écoles philosophiques de l'antiquité étaient partagées entre la conception métaphysique de la matière divisible à l'infini, et la conception également métaphysique de la matière divisible jusqu'à la particule insécable.

Cette dernière conception, dans les temps modernes, a été reprise avec l'autorité que donnent toujours les faits d'expérience.

Dalton cherche à expliquer le fait des proportions définies et des proportions multiples [1], « en admettant que la matière est formée d'atomes possédant chacun une étendue réelle et un poids constant; que les corps simples ne renferment que des atomes de la même espèce; que les corps composés se forment par la juxtaposition des atomes d'espèces différentes. »

« Ainsi définie, cette hypothèse donnait une explication satisfaisante des deux lois fondamentales de la chimie. En effet, si la combinaison résulte de la juxtaposition d'atomes possédant un poids invariable et s'unissant toujours suivant les mêmes proportions pour un composé donné, il est clair que dans un tel composé, les éléments seront nécessairement unis suivant des rapports pondéraux invariables, ces rapports exprimant précisément les poids relatifs des atomes. En second lieu, si un corps s'unit à un autre corps en plusieurs proportions, celles-ci ne représentent autre chose que le poids de plusieurs atomes, qui sont nécessairement multiples du poids de l'un d'eux. » (*Dictionnaire de Wurtz*, t. I, p. 458.)

Ces poids relatifs, suivant lesquels les corps se combinent,

---

1. Voir *chapitre précédent*, p. 11.

sont donc pour Dalton des *poids atomiques* rapportés à une unité représentant le poids de l'hydrogène dans les combinaisons hydrogénées. Dalton avait dirigé ses études sur le gaz des marais CH^4 et le gaz oléfiant C^2H^4.

Davy rejette l'hypothèse d'atomes et appelle *nombres proportionnels* les poids atomiques de Dalton. Vollaston les appelle *équivalents*. Poids atomiques et équivalents sont confondus à l'origine. Bientôt Gay-Lussac découvre sa loi mémorable sur la combinaison des corps en volumes [1]. Donc deux lois à la base de la chimie : 1° *les corps se combinent en proportions pondérales définies* (poids relatifs des atomes [Dalton]) ; 2° *les gaz se combinent en proportions volumétriques définies et simples, et le volume du produit est dans un rapport simple avec celui des composants.*

Quelles conséquences immédiates découlent de ces lois, que nous pouvons traduire par un exemple :

35^{gr},5 de chlore se combinent avec 1 gr. d'hydrogène.
1 vol. de chlore se combine avec 1 vol. d'hydrogène ?

Les conséquences immédiates sont celles-ci : le volume de 35^{gr},5 de chlore doit être égal au volume de 1 gramme d'hydrogène, et inversement le poids de l'unité de volume du chlore sera à 35,5 ce que le poids de l'unité de volume de l'hydrogène sera à 1. Or, le poids de l'unité de volume du chlore par rapport à l'air est sa densité, comme le poids de l'unité de volume de l'hydrogène par rapport à l'air est également sa densité. 35^{g},5 de chlore par rapport à 1 d'hydrogène est son poids atomique (Dalton), ou équivalent, ou nombre proportionnel. Nous conclurons donc de ces considérations que *la densité des gaz est proportionnelle à leurs poids atomiques (équivalents) ou à un multiple de leurs poids atomiques.* En prenant la combinaison de l'hydrogène avec l'oxygène ou de l'azote avec l'oxygène (2 vol. pour 1 vol.) il est

1. Voir *chapitre précédent*, p. 13.

évident que la proportionnalité existe pour un multiple exact
(× 2).

Mais s'il en est ainsi à toute température, à toute pression
suffisamment distante du point de liquéfaction, les rapports de
volumes suivant lesquels les gaz se combinent doivent demeurer
les mêmes; c'est-à-dire que pour une même variation de température et de pression, tous les gaz doivent se dilater ou se
contracter d'une même quantité. Les lois de Mariotte et de Gay-
Lussac n'expriment pas autre chose[1].

Notons avec soin ces lois fondamentales de Proust, de Dalton, de Gay-Lussac, de Mariotte qui ont des liens si immédiats, qui offrent pour les gaz un parallélisme de phénomène
remarquable, qui font de la physique et de la chimie deux
sciences étroitement unies.

Une hypothèse naît au milieu de ces lois, dont elle semble
un corollaire : *les gaz renferment tous, à volume égal, à la
même température et sous la même pression, le même nombre
de molécules.*

Cette hypothèse est due à Amedeo Avogadro. Elle date de
1811[2]. Le chimiste italien est frappé de cet accroissement de
volume identique que subissent les gaz par des élévations progressives de température, de cette contraction de volume identique que subissent les gaz par une augmentation graduelle de
pression. Les gaz ne seraient-ils pas composés d'un nombre
égal de particules matérielles, suffisamment distancées les unes
des autres pour qu'il ne s'exerce aucune action réciproque ? Ces
particules n'obéiraient qu'à l'action répulsive de la chaleur, ou
à l'action inverse de la pression. Il appelle ces particules *molécules intégrantes.* Ampère en 1814[3] reprend cette hypothèse et
conserve le mot de particules. Il en admet le même nombre

1. Voir *chapitre précédent*, p. 7 et 8.
2. *Journal de physique*, t. LXXIII, p. 58 ; juillet 1811.
3. *Annales de chimie*, t. XC, p. 43.

dans un même volume de gaz, à la même température, sous la même pression. Ces particules sont à égale distance les unes des autres. Les lois physiques de Gay-Lussac et de Mariotte s'expliquent dans cette hypothèse.

Mais ces molécules intégrantes d'Amedeo Avogadro, ces particules d'Ampère, que sont-elles en définitive ? sont-elles les atomes de Dalton ? Assurément ces conceptions pourraient se comprendre et n'auraient qu'une même valeur; s'il ne s'agissait que de se rendre compte des lois physiques de Gay-Lussac et Mariotte sur la dilatation des gaz et leur contraction. Mais l'étude des lois chimiques de Gay-Lussac, c'est-à-dire l'étude du mode de combinaison des volumes des gaz entre eux devait amener Amedeo Avogadro à établir une distinction essentielle entre l'atome et la molécule. Pour le chimiste italien, les molécules intégrantes sont composées d'atomes qu'il appelle molécules élémentaires. Pour Ampère, les particules sont composées de molécules (atomes).

En un mot, ce que nous appelons molécules aujourd'hui (molécules intégrantes d'Avogadro, particules d'Ampère) était déjà parfaitement distingué à cette époque, de l'atome (molécules élémentaires d'Avogadro, molécules d'Ampère).

Comment, déjà à cette époque, les combinaisons en volumes avaient-elles amené Avogadro à concevoir les molécules intégrantes, composées de molécules élémentaires ? Comment le savant chimiste italien avait-il déjà reconnu que *la densité des gaz était proportionnelle aux poids moléculaires* et non pas *aux poids atomiques ?* C'est en raisonnant sur la loi de Gay-Lussac, sur la combinaison des gaz ou vapeurs en volumes.

Il était d'abord un fait bien évident, c'est que les gaz composés ne peuvent pas renfermer sous le même volume le même nombre d'atomes chimiques. Un volume d'acide chlorhydrique est composé d'un atome de chlore et d'un atome d'hydrogène. Un volume d'ammoniaque est composé d'un atome d'azote et de trois atomes d'hydrogène. Une molécule d'acide chlorhydrique est donc un élément composé de deux éléments ou atomes, et une molécule d'ammoniaque de quatre éléments. Sous le même volume, il y a donc deux fois plus d'atomes dans l'ammoniaque que dans l'acide chlorhydrique. Si l'on prend la série des vapeurs composées, on arrive à des considérations analogues qui montrent bien que l'hypothèse d'Avogadro et d'Ampère ne peut s'appliquer qu'aux molécules et non aux atomes.

Mais Avogadro avait encore analysé la loi de Gay-Lussac et s'était dit : si 2 volumes de vapeur d'eau résultent de la combinaison de 2 volumes d'hydrogène et de 1 volume d'oxygène, 1 volume ou 1 molécule de vapeur doit forcément contenir 1 molécule d'hydrogène et 1/2 molécule d'oxygène ; donc la molécule d'oxygène est sécable, donc elle n'est pas l'atome proprement dit, elle est composée de 2 atomes, c'est une *molécule intégrante* (molécule) ; 3 volumes d'hydrogène et 1 volume d'azote se combinent pour donner 2 volumes de gaz ammoniac, 1 volume de gaz ammoniac ou une molécule de gaz ammoniac contient donc 1 molécule 1/2 d'hydrogène et 1/2 molécule d'azote. *L'oxygène, l'azote, l'hydrogène contiennent donc sous le même volume le même nombre de molécules intégrantes composées de 2 molécules élémentaires.*

Mais cette conception heureuse d'Avogadro, basée sur un raisonnement plein de sens, resta pour ainsi dire sans écho, malgré l'autorité d'Ampère qui, trois ans plus tard, en 1814, la reprit, en ajoutant des développements géométriques plus ou moins ingénieux.

Nous dirons plus : elle fut victime d'un certain discrédit, vu l'interprétation fausse qu'on en donnera dans la suite. On la formulait ainsi : *les gaz renferment sous le même volume un même nombre d'atomes.* L'hypothèse d'Avogadro ainsi comprise, évidemment ne pouvait tenir contre des faits. Il fallut plus tard que M. Cannizzaro la remit en honneur.

La chimie suivait une autre voie sous l'autorité d'un grand nom, celui de Berzélius (1813). Le chimiste suédois reprend la conception atomique de Dalton, mais il la modifie en se basant sur les lois de Gay-Lussac que Dalton avait rejetées comme fausses.

Dalton avait dit : 1 gramme d'hydrogène ou 1 atome d'hydrogène se combine avec 8 gr. d'oxygène ou 1 atome d'oxygène. Berzélius, pensant que tous les atomes devaient théoriquement avoir le même volume, appliqua tout naturellement aux volumes la conception de l'atome. Sachant que 2 volumes d'hydrogène se combinent avec 1 volume d'oxygène, Berzélius dit 2 atomes d'hydrogène se combinent avec 1 atome d'oxygène. Comme l'expérience apprend d'autre part que 1 gr. d'hydrogène se combine avec 8 gr. d'oxygène, si l'on fait convention-nellement le poids atomique de l'hydrogène égal à 1, 2 atomes ou 2 gr. d'hydrogène se combinent évidemment avec 16 gr. d'oxygène. Le poids atomique de l'hydrogène étant 1, le poids atomique de l'oxygène, d'après Berzélius, est évidemment 16. Un raisonnement analogue lui montre que l'atome de chlore pèse 35^{gr},5 [1], que l'atome d'azote pèse 14. — Ajoutons que Berzélius rapportait les poids atomiques à 100 d'oxygène, ce qui ne change en rien le fond du raisonnement.

Que ressort-il des idées de Berzélius ? Il ressort ce fait remarquable que *si les poids atomiques sont les poids relatifs de volumes égaux, ils se confondent avec les densités,* si l'on prend l'hydrogène pour unité de mesure.

Pour exprimer la composition des corps en poids, il faut donc connaître : 1° le nombre des volumes élémentaires entrés en combinaison ; 2° les poids relatifs de ces volumes, c'est-à-dire la densité de ces éléments pris à l'état gazeux. Berzélius prenait cette densité par rapport à celle de l'oxygène qu'il faisait égale à 100. Il y a tout avantage à la prendre par rapport à l'hydrogène qu'on fait égale à 1.

---

1. Nous ne donnons pas les chiffres trouvés par Berzélius, qui se rapprochent d'ailleurs beaucoup de la vérité Cl = 36,11.

Nous voyons déjà quel rôle important joue en chimie cette notion de densité des gaz ou des vapeurs, puisque Berzélius en tire parti pour fixer ses poids atomiques.

Toutefois, le grand chimiste s'appuyant uniquement sur la conception primitive de Dalton, puis sur les lois de Gay-Lussac, envisageait certains corps comme formés d'atomes entrant isolément dans les combinaisons, l'oxygène par exemple, et d'autres corps comme formés d'atomes groupés deux à deux et ne se séparant jamais pour entrer dans les combinaisons. Aucun composé, d'après Berzélius, ne renferme moins de 2 atomes d'hydrogène, de chlore, de brome, d'iode, d'azote, de telle sorte que la plus petite quantité d'acide chlorhydrique, capable d'exister pour lui, était formée de 2 atomes d'hydrogène et de 2 atomes de chlore. Il écrivait l'acide chlorhydrique $H^2 CL^2$. Comme 2 atomes d'hydrogène s'unissent à 1 atome d'oxygène pour faire de l'eau, comme 2 atomes de chlore s'unissent avec 1 atome d'oxygène pour faire de l'acide hypochloreux anhydre, 2 atomes d'hydrogène doivent s'unir aussi avec 2 atomes de chlore pour faire de l'acide chlorhydrique, supposition que rien ne justifiait.

En résumé, Berzélius avait donné à la conception de Dalton une forme plus logique en la conciliant avec la loi des volumes de Gay-Lussac. Mais l'idée de molécule lui échappait complétement, la notion de grandeur moléculaire était pour lui lettre morte, faute de cette hypothèse fondamentale d'Avogadro et Ampère laissée dans l'oubli. Pour lui, un même volume de gaz contenait le même nombre d'atomes. Atome et volume étaient synonymes dans sa pensée, excepté toutefois pour les vapeurs composées (vapeur d'eau, par exemple).

Les travaux de M. Dumas devaient montrer que les densités n'étaient pas exactement proportionnelles aux poids atomiques, que c'était une erreur de confondre volume et atome. Et d'ailleurs il est certain que si Berzélius avait basé ses poids atomiques expérimentalement sur les densités, il fut arrivé ou à donner des poids atomiques faux ou à rejeter 'les notions tirées des densités. Peut-être son génie eut-il conçu l'hypothèse d'Avogadro. Toujours est-il que ses poids atomiques ont été établis en grande partie d'après les analyses pondérales dans les réactions chimiques, conciliant, quand il le pouvait, ces données avec la densité, ce qu'il a fait pour l'oxygène.

Dès 1827 M. Dumas entreprend des recherches sur les densités de vapeur. Il reconnaît que la densité de vapeur du mercure est sensiblement égale à 100, si on la rapporte à celle de l'hydrogène. Les densités de la vapeur de mercure et de l'oxygène sont donc entre elles comme 100 : 16. Si les poids atomiques étaient proportionnels aux densités, 16 d'oxygène devraient s'unir avec 100 de mercure pour faire l'oxyde mercurique ; dans l'esprit de Berzélius, il s'unit en réalité à 200 d'après les données analytiques pondérales. Si donc les poids atomiques doivent être proportionnels aux densités, la densité du mercure se trouve deux fois trop faible.

En 1832 M. Dumas prend les densités de vapeur du soufre et du phosphore et reconnaît que la densité du soufre est trois fois plus forte que n'indique la théorie, et celle du phosphore deux fois plus forte. Les analyses pondérales avaient donné à Berzélius pour le soufre, l'oxygène, le phosphore et l'hydrogène les rapports 32 : 16 : 31 : 1. Les densités auraient donné les rapports 96 : 16 : 62 : 1.

Mitcherlich trouve la densité de vapeur de l'arsenic également deux fois trop forte, et confirme en 1833 les résultats obtenus par M. Dumas sur les vapeurs de phosphore, de soufre et de mercure.

Les données physiques et les données chimiques paraissaient inconciliables, telles qu'elles avaient été comprises par Berzélius, ce que le grand chimiste n'aurait pas manqué de voir s'il avait pu prendre les densités de vapeur des corps simples énumérés plus haut.

De deux choses l'une : il fallait ou bien rejeter la confusion

d'atome et de volume et par suite les densités de vapeur pour
apprécier les poids atomiques, ou divorcer avec les analyses
chimiques et une loi importante dont nous parlerons bientôt, la loi
des chaleurs spécifiques (Dulong et Petit).

Mais cependant les faits exposés plus haut méritaient attention. Si la densité de vapeur du phosphore, du soufre, de l'arsenic, du mercure avait donné des chiffres sans lien avec les
poids atomiques de ces éléments, si ces densités, au lieu d'être
2 fois trop fortes, 3 fois trop fortes, une fois trop faibles,
avaient été par exemple 2 fois 1/5 trop fortes, 3 fois et 1/8
trop fortes, etc., etc., c'est-à-dire ne s'étaient pas présentées
comme multiples exacts des poids atomiques, un esprit sain
se serait refusé à toute conciliation et aurait rejeté avec raison
tout renseignement donné par les densités de vapeurs, et désormais les idées sur la constitution des gaz auraient été profon-
dément modifiées. Bien au contraire, nous trouvons que ces
densités sont un multiple exact des poids atomiques tirés des
analogies chimiques. Ce résultat ne parle-t-il pas à l'esprit, et
n'implique-t-il pas la notion d'un élément multiple 2 fois, 3 fois
de ces atomes, de la molécule en un mot?

Mais suivons la science dans ses progrès. Les défauts des
conceptions de Berzélius avaient produit une réaction de la part
de certains chimistes éminents. Liebig, Gmelin (1843) revien-
nent aux équivalents, sacrifiant entièrement l'hypothèse de
l'atome. Pourquoi admettre, disait Gmelin que les équivalents
de l'hydrogène, du chlore, du brome, de l'azote, sont formés
de deux atomes, alors que les atomes simples de ces corps
n'existent dans aucune combinaison? Prenons donc, dit-il, des
nombres doubles des poids atomiques de Berzélius pour ces
corps et au lieu d'écrire H^2O pour l'eau ($H = 1$, $O = 16$), écrivons HO ($H = 1$, $O = 8$); au lieu de H^2Cl^2 l'acide chlorhydrique, écrivons HCl ($H = 1$, $Cl = 35,5$). On voit que le rapport de H à O est double ($1 : 8$ au lieu de $1 : 16$).

En un mot, abstraction faite de toute considération sur la

constitution de la matière, Gmelin revient aux équivalents de Wollaston, de Dalton, mais ils conservent les rapports de grandeur de Berzélius, pour faire une concession à la loi des volumes de Gay-Lussac, qui en fait était sacrifiée. Et nous trouvons comme dans la notation de Berzélius les mêmes inconséquences. Les formules HO de l'eau, HS de l'hydrogène sulfuré représentent bien 2 volumes, mais les formules H Cl et Az H³ représentent 4 volumes.

Gerhardt attira le premier l'attention sur le caractère de ces prétendues équivalences, qui se traduisent tantôt sous 4 volumes, tantôt sous 2 volumes. Il signale à l'attention des chimistes ce fait que dans la notation en équivalent, le nombre des équivalents du carbone est toujours divisible par deux dans les composés organiques. Il montre en outre que lorsqu'une substance organique se détruit en perdant de l'eau et de l'acide carbonique, il ne se dégage jamais l'équivalent d'acide carbonique ou un équivalent d'eau, mais bien n (C² O⁴) ou n (H² O², . C² O⁴, c'est-à-dire 44 d'acide carbonique est donc la plus petite quantité de ce corps qui entre dans les réactions ; il est donc naturel d'admettre que cette quantité renferme la véritable unité de carbone et de la représenter par la formule C O², dans laquelle C représente 12 de carbone et 16 d'oxygène. D'un autre côté H² O² étant la plus petite quantité d'eau qui s'élimine dans les réactions organiques, il est naturel de penser que cette quantité renferme la véritable unité d'oxygène 16.

Gerhardt revient à l'hypothèse atomique, à l'interprétation de la loi des volumes de Gay-Lussac, à l'hypothèse d'Avogadro et Ampère sur les molécules intégrantes contenues en égale quantité sur le même volume gazeux. Il médite sur ces diverses données, sur les poids atomiques de Berzélius, sur leur relation avec les densités, sur les constitutions des nombreux composés organiques dont la science s'enrichissait tous les jours. Il arrive à fondre en un système clair et logique les faits, les théories, les hypothèses. Son œuvre est une puissante élaboration.

H² O est la formule que Gerhardt adopte pour l'eau, qui

exprime que 2 volumes d'hydrogène se combinent avec 1 volume d'oxygène pour donner naissance à 2 volumes de vapeur d'eau suivant la loi de Gay-Lussac; H^2O est donc une molécule d'eau. L'éminent chimiste compare toutes les formules organiques à l'eau prise sous 2 volumes de vapeur. Pour déterminer d'une manière relative les grandeurs des molécules, il faut les comparer à une unité. Cette unité pour Gerhardt est la molécule d'eau qui résulte de la combinaison de deux atomes d'hydrogène avec 1 atome d'oxygène. Prise sous le même volume, la molécule d'acide chlorhydrique résultera de la combinaison de 1 atome de chlore et 1 atome d'hydrogène, exprimée par H Cl. De là le tableau suivant qui exprime les grandeurs moléculaires.

$$H^2 O = 2 \text{ vol.}$$
$$H^2 S = 2 \text{ vol.}$$
$$Cl^2 O = 2 \text{ vol.}$$
$$C O = 2 \text{ vol.}$$
$$C O^2 = 2 \text{ vol.}$$
$$S O^3 = 2 \text{ vol.}$$
$$H Cl = 2 \text{ vol.}$$
$$H Br = 2 \text{ vol.}$$
$$H^3 Az = 2 \text{ vol.}$$
$$H^3 Ph = 2 \text{ vol,}$$
$$C^2 H^6 O = 2 \text{ vol.}$$
$$C^2 H^4 O^2 = 2 \text{ vol., etc., etc.}$$

L'idée d'atome et de molécule était donc parfaitement claire dans l'esprit de Gerhardt. Il appliqua cette idée même à la constitution des corps simples s'appuyant d'abord sur un grand nombre de réactions chimiques qui se traduisent par des phénomènes de double décomposition, et ensuite sur la notion de molécule dans l'hypothèse d'Avogadro. L'hydrogène est de l'hydrure d'hydrogène H H, le chlore du chlorure de chlore Cl Cl, etc., etc. L'acide chlorhydrique se formerait donc de la façon suivante :

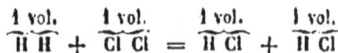

$$\underset{\overline{H\ H}}{\overset{1 \text{ vol.}}{}} + \underset{\overline{Cl\ Cl}}{\overset{1 \text{ vol.}}{}} = \underset{\overline{H\ Cl}}{\overset{1 \text{ vol.}}{}} + \underset{\overline{H\ Cl}}{\overset{1 \text{ vol.}}{}}$$

Ce phénomène de double décomposition est en harmonie avec l'hypothèse d'Avogadro.

Nous sommes arrivés historiquement à montrer comment la notion d'atome, la plus petite masse capable d'entrer dans une combinaison, et la notion de molécule, la plus petite quantité capable d'exister à l'état libre, se sont dégagées avec Gerhardt des données de la physique et de la chimie. Nous ne pouvons parcourir plus longtemps l'histoire de la chimie, et montrer toutes les phases qu'a suivies cette science sous la direction d'esprits éminents comme Laurent, Williamson, Dumas, etc.

Nous avons hâte d'arriver à l'époque actuelle, afin de montrer comment, à la suite de Gerhardt, la théorie atomique a trouvé dans la détermination des densités de vapeur l'élément de ses progrès, les fondements d'une notation rationnelle.

Des densités de vapeur dans la chimie actuelle. — Le fondement de la théorie atomique actuelle est l'hypothèse d'Avogadro, reprise par Ampère, que nous formulons encore une fois afin de la soustraire à toute fausse interprétation : *Les gaz renferment un nombre de molécules sous le même volume, pris à la même température et sous la même pression.*

Comme chaque molécule de gaz représente pour tous les corps une fraction identique d'une même unité de volume, le poids de chacune de ces molécules sera proportionnel au poids de cette unité de volume [1] autrement dit : *Les poids moléculaires des corps sont proportionnels à leurs densités gazeuses.*

Prenons un exemple : supposons qu'un volume de chlore renferme 100 molécules de chlore, un volume d'hydrogène renfermera aussi 100 molécules d'hydrogène ; comme la densité du gaz chlore est 35, 5 fois celle de l'hydrogène, la molécule de chlore pèsera 35, 5 fois plus que celle de l'hydrogène.

Le poids relatif des molécules se déduira donc des densités gazeuses. Il ne s'agit plus que de le rapporter à une unité. Cette unité choisie est l'hydrogène dont on fait le poids atomique égal

---

1. Que le poids de cette unité de volume soit pris par rapport à l'air, ou par rapport à l'hydrogène peu importe.

à 1 et le poids moléculaire égal à 2. Ceci est une convention. On pourrait prendre le poids moléculaire comme unité ; mais, comme nous allons le voir, la molécule d'hydrogène est composée de deux atomes ; on serait donc obligé de faire l'atome d'hydrogène égal à 1/2. Pour éviter les nombres fractionnaires, on est convenu de prendre le poids atomique de l'hydrogène comme base du système.

Détermination du poids moléculaire. — Partant de l'hypothèse d'Avogadro, des données fournies par des densités gazeuses, des données pondérales de l'analyse des combinaisons, et de l'étude des réactions chimiques en général, on admet que jamais il n'existe dans un gaz un atome à l'état libre. Dans le chlore, hydrogène, oxygène, azote et autres corps simples gazeux, on suppose que les atomes sont unis deux à deux pour faire des molécules.

Assurément, c'est encore là une hypothèse, mais qui a l'avantage d'expliquer les faits, de les coordonner, hypothèse d'ailleurs impliquée par celle d'Avogadro.

Prenons en effet un exemple :

Deux volumes d'hydrogène se combinent avec 1 volume d'oxygène pour donner 2 volumes de vapeur d'eau. Supposons 100 molécules dans 1 volume, nous poserons :

$$2 \times \left(\begin{smallmatrix} 100 \text{ molécules H} \\ \text{d'hydrogène} \end{smallmatrix} \right) + \left(\begin{smallmatrix} 100 \text{ molécules O} \\ \text{d'oxygène} \end{smallmatrix} \right) = 2 \times \left(100 \text{ molécules H}^2\text{O} \right)$$

Ce second nombre de l'équation, fruit de l'expérience, implique forcément que nous écrivions :

$$2 \times (100 \text{ molécules H}^2) + (100 \text{ molécules O}^2) = 2\times (100 \text{ molécules H}^2\text{O}).$$

La molécule d'hydrogène est forcément composée de deux parties ou atomes. Il en est de même pour le chlore. L'équation suivante le prouve surabondamment.

$$\underbrace{100 \text{ molécules Cl}^2}_{1 \text{ vol.}} + \underbrace{100 \text{ molécules H}^2}_{1 \text{ vol.}} = \underbrace{100 \text{ molécules H Cl}}_{1 \text{ vol.}} + \underbrace{100 \text{ mol. H Cl}}_{1 \text{ vol.}}$$

Ajoutons que cette hypothèse permet d'expliquer certains faits d'expériences : l'action de l'hydrogène à l'état naissant, par exemple, H agissant avant qu'il ait pu faire H^2, molécule d'hydrogène moins active, puisque l'affinité de H est partiellement équilibrée par celle de H.

Le cuivre est difficilement attaqué par l'acide chlorhydrique; l'hydrure de cuivre au contraire l'est très-facilement. On peut supposer dans ce dernier cas qu'à l'affinité du chlore pour le cuivre, se joint l'affinité de l'hydrogène pour l'hydrogène qui concourt à provoquer la double décomposition.

Cette réaction n'est pas plus difficile à comprendre que cette réaction organique analogue :

$$2 (C^2 H^5 I) + Na^2 = C^2 H^5, C^2 H^5 + 2 Na I.$$

L'atome d'hydrogène pesant conventionnellement 1, sa molécule pèsera donc 2. Le poids moléculaire du chlore sera dans le même rapport que sa densité par rapport à celle de l'hydrogène.

La densité de l'hydrogène comparée à celle de l'air, est de 0,0693, celle du chlore est 2,44. Nous poserons donc l'équation :

$$\frac{2,44}{0,0693} = \frac{X}{2}$$

d'où nous tirons :

$$x = 71$$

Le poids moléculaire du chlore est donc 71 ; comme il est composé de deux atomes, son poids atomique sera $\frac{71}{2}$ ou 35,5.

Autre exemple : la densité de l'oxygène étant 1,1088 nous poserons.

$$\frac{1,1088}{0,0693} = \frac{x}{2} \text{ d'où } x = 32$$

Le poids moléculaire de l'oxygène égale 32.

Pour avoir le poids moléculaire d'un corps, il faut donc diviser sa densité par celle de l'hydrogène et multiplier pa 2 le rapport obtenu. Soit la densité de vapeur de brome 5,54, nous aurons comme poids moléculaire :

$$\frac{5,54 \times 2}{0,0693} \text{ ou } 160$$

Mais il sera facile de simplifier les calculs si l'on rapporte la densité des corps à celle de l'hydrogène rendue égale à 1. En effet la densité de l'hydrogène par rapport à l'air étant 0,0693 si elle est faite égale à l'unité, elle sera rendue 14,44 plus forte, en effet $0,0693 \times 14,44 = 1$.

Quand expérimentalement on aura pris la densité d'un corps par rapport à l'air (voir Appendice) il suffira de la multiplier par 14,44 pour avoir cette densité par rapport à l'hydrogène 1. Mais 1 n'est que la 1/2 molécule d'hydrogène; il faudra donc multiplier encore par 2 cette densité pour avoir le poids moléculaire du corps, ou mieux multiplier de suite par $14,44 \times 2$ ou 28,88. De là cette méthode empirique pour avoir le poids moléculaire d'un corps : *Prendre sa densité par rapport à l'air, la multiplier par 28,88* [1].

Grandeur moléculaire.—Nous nous sommes occupés de molécules au point de vue des rapports de poids; quels sont maintenant les rapports des volumes? On adopte les idées de Gerhardt à cet égard; on rapporte les molécules de tous les corps à 2 volumes de vapeur, afin de ne pas introduire de nombre fractionnaire dans les calculs ce qui arriverait constamment pour les corps composés. Un volume de vapeur, par exemple, renferme 1/2 volume d'oxygène et 1 volume d'hydrogène. On prend 2 volumes de vapeur d'eau correspondant à 1 volume d'oxygène et 2 volumes d'hydrogène. C'est là l'unité de

1. Voir les deux tableaux à la fin de ce mémoire : *Poids moléculaires tirés des densités de vapeur.*

grandeur sous laquelle on compare les poids moléculaires de tous les corps. Cette unité de grandeur moléculaire, qui ressort des combinaisons des vapeurs entre elles, est en harmonie avec l'hypothèse d'Avogadro. Elle a donné la formule rationnelle d'une quantité innombrable de corps composés, aussi bien miné- raux qu'organiques. Il suffit de jeter un regard sur le tableau, que nous avons consigné à la fin de ce travail, pour se rendre compte de cet ensemble harmonique et simple des composés de la chimie, pris ainsi sous le même volume de vapeurs. On est tenté même de donner à la loi des volumes de Gay-Lussac plus d'extension et de dire : *Il existe un rapport très-simple entre les volumes de tous les gaz composés 2 : 2.*

Et l'histoire de la science nous montre comment certaines formules de la chimie organique qui étaient irrationnelles, qui ne cadraient pas avec l'ensemble des réactions chimiques, ont été rectifiées, et ont correspondu alors à 2 volumes de vapeur.

L'étude de l'éther ordinaire et des éthers mixtes par M. Williamson l'a amené rationnellement à doubler la formule de l'éther qui était en équivalent, C^4H^5O correspondant à 2 volumes de vapeur, tandis que l'alcool $C^4H^6O^2$ correspondait à 4 volumes. On voit que ces deux corps étaient ramenés sur une unité de grandeur moléculaire différente. D'après la formation des éthers mixtes, il fut autorisé à donner à l'éther la formule rationnelle

$$\left.\begin{array}{c}C^2H^5\\C^2H^5\end{array}\right\}O$$

Et cette formule correspond, dans notre théorie actuelle, à 2 volumes de vapeur, comme celle de l'alcool $C^2H^6O^9$.

Cet anhydride de l'alcool a des analogues dans les anhydrides des acides. L'acide acétique d'après les travaux de Gerhardt se combine avec lui-même avec élimination d'eau :

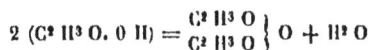

$$2\,(C^2H^3O.\,OH) = \left.\begin{array}{c}C^2H^3O\\C^2H^3O\end{array}\right\}O + H^2O$$

Cette formule rationnelle de l'anhydride acétique correspond également à 2 volumes de vapeur.

Nous en dirons autant pour le diméthyle, le diéthyle et autres corps étudiés par Kolbe et Frankland. Les réactions chimiques ont démontré que le méthyle CH^3 et l'éthyle C^2H^5, qu'on avait cru isoler, étaient en réalité le diméthyle, le diéthyle représentés par la formule doublée $(CH^3)^2$, $(C^2H^5)^2$, correspondant d'ailleurs à 2 volumes de vapeur.

Ces faits nous montrent qu'inversement, la densité de vapeur d'un corps volatil, pourra être un guide sûr à l'heure actuelle pour éclairer une réaction chimique, sur laquelle on est encore mal renseigné.

Les lois des chaleurs spécifiques et de l'isomorphisme. — Nous voulons être bref sur ces lois importantes, afin de ne pas oublier l'objet fondamental de notre dissertation, qui a trait à l'importance des densités de vapeur. Toutefois ces lois prêtent un concours immédiat aux densités de vapeur pour établir le poids moléculaire, soit dans les cas où les corps ne sont pas volatils, soit dans les cas très-rares où la densité de vapeur ne coïncide qu'à un multiple près avec le poids moléculaire rationnel à attribuer au corps, d'après ses analogies chimiques (mercure, phosphore, arsenic). Il est donc nécessaire de les rappeler.

Elles datent toutes deux de 1819 : l'une, formulée par Dulong et Petit, dit que *les poids atomiques sont en raison inverse des chaleurs spécifiques*, autrement dit, que *les atomes de tous les corps simples ont la même capacité pour la chaleur.* C'est la loi dite des chaleurs spécifiques de Dulong et Petit.

L'autre loi, dite loi de l'isomorphisme, peut s'énoncer ainsi : *Les corps composés d'un égal nombre d'atomes, disposés de la même manière, cristallisent sous des formes identiques ou presque identiques.*

Expliquons ces deux lois rapidement. MM. Dulong et Petit calculent la quantité de chaleur qu'il faut donner à un corps simple pour élever sa température de 1°, comparée à la quantité de chaleur qu'il faut donner à l'eau pour produire cette même élévation de température de 1°. Ils obtiennent des nombres déduits de l'expérience, c'est là ce qu'on appelle les chaleurs spécifiques. Ils remarquent, et c'est là leur découverte, qu'en prenant les poids de ces corps simples, proportionnels à leurs poids atomiques, il faut la même quantité de chaleur pour élever leur température de 1°. Ainsi 23 gr. de sodium exigent, pour s'élever de 1° de température, autant de chaleur que 127 gr. d'iode, que 63 gr., 4 de cuivre, que 32 gr. de soufre, etc., etc.

Connaissant donc la chaleur spécifique d'un corps, on pourra calculer son poids atomique.

Les chiffres d'expérience donnés par MM. Dulong et Petit[1] étaient, quelques-uns, entachés d'erreur; M. V. Regnault les a rectifiés, ainsi que M. Hermann Kopp, de telle sorte que le degré d'exactitude de cette loi est des plus remarquables. (Voir le tableau au *Dictionnaire de Wurtz*, p. 461, t. I*er*, où est présenté le produit des poids atomiques par les chaleurs spécifiques.)

On trouvera quelques écarts sensibles pour certains corps, carbone, bore, silicium; mais ces exceptions de la loi en présence de son universalité pour la majorité des corps ne doivent pas nous arrêter. La loi des densités nous a présenté aussi quelques exceptions pour le mercure, le phosphore, l'arsenic; nous allons en donner une explication très-logique. Quand on connaîtra mieux les états allotropiques du carbone ou du bore, au point de vue de la condensation moléculaire, la loi des chaleurs spécifiques n'aura peut-être plus d'exception.

Nous regrettons de ne pouvoir insister davantage sur cette loi des chaleurs spécifiques, qui présente cependant un intérêt philosophique si puissant.

Ajoutons que la loi de l'isomorphisme de Mitcherlich a aussi prêté à la fixation des poids atomiques un appui précieux. Il résulte de cette loi que, lorsque deux corps sont isomorphes, ils

1. *Annales de chimie,* 1819.

possèdent une structure atomique semblable, et leur composition sera exprimée par des formules analogues : ainsi sulfate de cuivre, sulfate de fer — oxyde de cuivre, avec oxyde nickel, manganèse, de nickel, etc. — Tous ces composés doivent posséder la même composition atomique.

Détermination du poids atomique. — Nous avons maintenant tous les éléments pour déterminer le poids atomique d'un corps. Connaissant les poids moléculaires des corps, c'est-à-dire les poids relatifs des corps qui entrent dans les combinaisons rapportées à une unité de grandeur comme base, le poids atomique sera la plus petite quantité d'un corps qui entrera dans les réactions. Le poids atomique découle donc du poids moléculaire, par l'étude des réactions chimiques. En outre, il trouve un contrôle dans la loi des chaleurs spécifiques et la loi de l'isomorphisme.

Prenons l'exemple de l'hydrogène. En étudiant dans les molécules des divers composés hydrogénés la plus petite quantité d'hydrogène qui entre dans les réactions, nous trouvons 2 dans eau, acide sulfhydrique, sélénhydrique, etc. ; 3 dans ammoniaque, hydrogène phosphoré ; 4 dans acide acétique, etc., etc., et 1 dans acide chlorhydrique, bromhydrique, etc. 1 est le poids atomique. Nous savons que c'est l'unité de convention.

Prenons l'exemple de l'azote. Nous verrons que la plus petite quantité qui entre dans ses composés, soit hydrogénés, soit oxygénés, est 14 ; 14 est donc le poids atomique de l'azote.

Quand le poids moléculaire est incertain, comme dans le cas du mercure, la loi des chaleurs spécifiques est un moyen de contrôle précieux pour fixer le poids atomique.

Exceptions apparentes à l'hypothèse d'Avogadro. 1° Corps simples. — Nous avons tenu dans les quelques lignes qui précèdent à montrer que la théorie atomique trouvait un appui dans deux lois fondamentales, la loi des chaleurs spécifiques et la loi de l'isomorphisme. Nous aurions pu ajouter que les données de ces lois concordent d'une façon générale avec les données des densités des vapeurs, de telle sorte que les quelques faits anormaux que semblent présenter ces densités pour certains corps recevront leur explication logique, tirée des autres lois physiques.

Nous ne parlons pas des faits anormaux dus au phénomène de dissociation. Ceux-ci sont expliqués par l'expérience directe. Nous allons le voir.

Précédemment il a été montré sur quelles considérations reposait la conception *diatomique* des molécules des gaz simples, tels que le chlore, l'hydrogène, l'oxygène, l'azote, etc.

Nous avons dit également, en exposant les idées de Berzélius, que les densités de vapeur du mercure, du phosphore, du soufre, de l'arsenic, déterminées par MM. Dumas et Mitcherlich, ne concordaient pas avec les poids atomiques de ces composés, tirés des relations chimiques, mais se présentaient comme *sous-multiples* ou *multiples* exacts de ces poids atomiques. Cet écart, nous le voyons, ne se traduit pas par des fractions, pour lequel cas eût régné alors l'incertitude la plus grande; il se traduit par des nombres entiers. Le phosphore et l'arsenic ont une densité deux fois trop forte; cela tient probablement (et ce raisonnement hypothétique s'impose à l'esprit) à ce que leur molécule diatomique est combinée avec une autre molécule diatomique sous le même volume, autrement dit, que la molécule condensée du phosphore ou de l'arsenic contient 4 atomes. Ce seront des gaz tétratomiques et non diatomiques[1].

D'ailleurs il est deux autres corps dits simples, l'ozone et le soufre, dont la densité indique une constitution plus que *diatomique*. L'ozone serait un gaz triatomique, et le soufre un gaz hexatomique. Ici l'action dissociante de la chaleur va nous donner un moyen de contrôle précieux pour affirmer la composition de la molécule. Au-dessus de 250° l'ozone se transforme en oxygène *diatomique*, phénomène inverse de ce qui s'est

---

1. Nous prenons ces expressions de *tétratomiques* et de *diatomiques* dans le sens de *composés de 4 atomes* ou *de 2 atomes*.

passé dans la formation de l'ozone, 3 volumes d'oxygène s'étant condensés en 2 volumes d'ozone pour faire une molécule O^3.

Au-dessus de 1000° la vapeur de soufre, qui à 500° correspondait à une molécule *hexatomique* S^6, se décompose en quelque sorte en 3 molécules de vapeur de soufre S^2, et celle-ci redevient diatomique.

M. Wurtz s'est demandé avec juste raison, si des températures beaucoup plus élevées que celles dont nous disposons n'amèneraient pas un phénomène de dissociation analogue dans les vapeurs de phosphore et d'arsenic. Et qui nous dit que le mercure, qui présente une densité deux fois trop faible, n'a pas précisément subi ce phénomène de dissociation au moment de sa volatilisation, comme certaines vapeurs composées que nous allons rappeler tout à l'heure (chlorhydrate d'ammoniaque, calomel, etc.)? Ce fait nous expliquerait comment la vapeur de mercure est *monoatomique*, comment la molécule du mercure, autrement dit, se confond avec son atome.

La nature monoatomique de la vapeur de mercure est une interprétation dictée d'abord par l'hypothèse d'Avogadro. Elle a reçu une confirmation expérimentale des plus remarquables par les recherches de MM. Kundt et Warburg[1] sur les chaleurs spécifiques des gaz et de la vapeur de mercure en particulier.

Dans le premier chapitre de notre travail, nous nous rappelons que nous avons suivi par degrés l'action de la chaleur sur les vapeurs, et que nous avons défini ce qu'il fallait entendre par chaleur spécifique d'un gaz ou d'une vapeur. (Voir page 10.) Nous avons montré d'une façon théorique quels étaient les travaux moléculaires déterminés par le mouvement chaleur. Nous ajoutons maintenant, comme conséquence de ces considérations générales, que la chaleur spécifique d'un gaz est plus forte suivant qu'on donne de la chaleur à ce gaz, libre à la pression

---

1. *Berichte der deutschen chemischen Gesellschaft*, t. VIII, 1875, p. 945.

atmosphérique, par exemple, ou confiné dans un espace clos. L'explication en est simple ; une quantité de chaleur donnée à un gaz
sous pression constante, pour élever sa température de 1°, se
traduit comment? Écartement des molécules (travail de dilatation), vibration moléculaire (travail de température). Si maintenant le gaz ne peut se dilater, s'il est confiné dans un espace clos,
comme le travail de dilatation ne peut s'effectuer, le mouvement
de chaleur se traduit tout entier par la vibration moléculaire (travail de température). Il faudra donc moins de chaleur pour élever
la température d'un volume de gaz qui ne peut se dilater que
pour élever celle d'un volume de gaz pouvant subir le travail
de dilatation. Autrement dit, la capacité pour la chaleur des gaz
pris sous pression constante est moins considérable que celle des
gaz pris sous volume constant. Les calculs ont établi que le rapport
théorique est de 1,67. L'expérience devrait apporter une sanction à ce chiffre donné par la théorie mécanique de la chaleur,
si un autre facteur dont nous avons précisément parlé dans le
chapitre précédent n'intervenait, si un autre travail ne s'accom-
plissait dans ce gaz, subissant l'action de la chaleur sous volume
constant ou pression croissante. Or l'expérience prouve que ce
rapport pour les gaz simples, tels que l'hydrogène, l'oxygène,
l'azote, etc., est égal à 1,4, et l'on admet que la différence 1,67-
1,4 est employée à un travail intra-moléculaire dans les molécules *diatomiques* de ces gaz simples. Pour la vapeur de mercure, que nous avons envisagée comme monoatomique,
MM. Kundt et Warburg ont démontré que le chiffre 1,67 était
exact, qu'aucun travail intra-moléculaire ne s'opérait. Ce rapport a été déduit par ces deux expérimentateurs de la vitesse
de propagation du son dans la vapeur de mercure, vitesse
qu'on peut calculer d'après la longueur d'onde d'un son.

On pense tout l'intérêt que pourrait avoir une étude analogue
sur les vapeurs de phosphore et d'arsenic. S'il est vrai que la
molécule de ces corps est composée de 4 atomes, le travail
intra-moléculaire doit être considérable. Le rapport des cha-

leurs spécifiques devra être non-seulement inférieur au chiffre théorique 1,67, mais inférieur au chiffre 1,4 trouvé pour les molécules diatomiques.

2° *Corps composés.* — Nous venons de voir comment les vapeurs anormales des corps simples rentraient dans l'hypothèse d'Avogadro, comment tous les faits d'exception pouvaient recevoir une interprétation sans doute hypothétique, mais très-rationnelle.

L'étude sommaire de quelques vapeurs composées parut un instant ébranler également cette hypothèse et infirmer l'importance qu'on doit attacher aux densités de vapeur pour établir le poids moléculaire, mais il n'en fut rien. Nous avons montré longuement dans le chapitre précédent (voir pages 15 et suiv.) que les densités de vapeurs composées, trouvées expérimentalement deux fois trop faibles, s'expliquaient par un phénomène de dissociation de ces vapeurs.

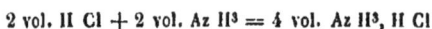

$$\text{2 vol. H Cl} + \text{2 vol. Az H}^3 = \text{4 vol. Az H}^3, \text{H Cl}$$

dit M. Deville. Il cite le cyanhydrate d'ammoniaque, le sulfhydrate d'ammoniaque, qui résulteraient également d'une combinaison d'acide cyanhydrique ou d'acide sulfhydrique avec l'ammoniaque sans condensation. Nous avons discuté longuement ces faits, et nous nous sommes arrêtés à cette conclusion qu'il y avait dissociation à la température où l'on prenait la densité de vapeur de ces composés. Les vapeurs de perchlorure de phosphore, de calomel, d'hydrate et chloral, etc., sont aussi dans ce cas.

Mais voyons comment l'hypothèse d'Avogadro serait renversée si les faits avancés par MM. Deville, Troost, Debray avaient été fondés.

Un schéma nous le fera comprendre immédiatement. Admettons 100 molécules dans 2 volumes de vapeur. L'expérience nous prouve donc que :

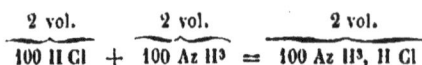

$$\underbrace{\text{100 H Cl}}_{\text{2 vol.}} + \underbrace{\text{100 Az H}^3}_{\text{2 vol.}} = \underbrace{\text{100 Az H}^3, \text{H Cl}}_{\text{2 vol.}}$$

Si le chlorhydrate d'ammoniaque répondait à 4 volumes, nous serions obligés de l'exprimer de la façon suivante :

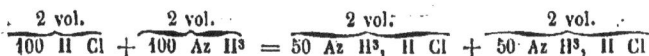

$$\underbrace{\overline{100 \ \text{II Cl}}}_{\text{2 vol.}} + \underbrace{\overline{100 \ \text{Az II}^3}}_{\text{2 vol.}} = \underbrace{\overline{50 \ \text{Az II}^3, \ \text{II Cl}}}_{\text{2 vol.}} + \underbrace{\overline{50 \ \text{Az II}^3, \ \text{II Cl}}}_{\text{2 vol.}}$$

L'hypothèse d'Avogadro serait immédiatement renversée, puisque dans un cas nous aurions 100 molécules dans le même volume et dans le produit de la combinaison 50 molécules seulement. La détermination des poids moléculaires par les densités de vapeur n'aurait plus d'assise certaine. La notion de grandeur moléculaire s'évanouirait, faute d'une base à l'abri de toute incertitude.

Il est certains composés dont on peut suivre la dissociation pas à pas, et qui rappellent la dissociation de la molécule de soufre à haute température. Le peroxyde d'azote à basse température correspond à la formule $Az^2 O^4$; à haute température il y a dissociation, et c'est réellement le corps $Az O^2$ qui correspond à deux volumes (Wanklyn et Playfair, Salet).

L'acide acétique, dont nous avons étudié en détail la densité de vapeur (voir page 42), ne présente une densité stable qu'au-dessus de 230°, où elle est égale à 2,08, correspondant à la formule $C^2 H^4 O^2$.

A mesure qu'on évalue la densité de vapeur de l'acide à des températures de plus en plus inférieures à 230°, on constate que la densité de l'acide croît progressivement.

M. Bineau[1] a émis cette hypothèse « qu'on peut attribuer à l'acide acétique en vapeur plusieurs sortes de groupements moléculaires. Ainsi l'on pourrait supposer que ces atomes élémentaires sont capables de se grouper de deux façons, en formant tantôt des molécules conformes aux idées habituellement reçues et tantôt des molécules de masse double.

« Dans cette hypothèse le premier arrangement moléculaire

1. *Annales de physique et de chimie*, 3° série, t. XVIII, p. 229 et suiv.

subsisterait seul sous l'empire d'une chaleur suffisamment élevée. A 150°, sous la pression ordinaire, les deux sortes de molécules existeraient ensemble en quantité à peu près égale. Au-dessous de cette température, les groupes les plus condensés deviendraient prédominants, peut-être même un froid intense n'en permettrait-il pas d'autres. La chaleur ou la diminution de pression n'opèreraient que graduellement le dédoublement des derniers groupes. »

M. Grimaux[1] se rallie à cette idée également admise par Wanklyn et Playfair que la molécule d'acide acétique à basse température correspond à la formule $C^4 H^8 O^4$, ce serait de l'acide diacétique. Il en serait de même des acides formique, butyrique, valérique qui présentent les mêmes anomalies dans les densités de vapeur.

On voit combien l'étude de la densité d'une vapeur offre des aperçus sur la structure moléculaire des corps, aperçus qui reçoivent une sorte de consécration dans les réactions. L'étude de la densité de l'acide nous a fait admettre l'acide diacétique; on connaît en effet des diacétates correspondant à cet acide.

Volumes moléculaires; volumes atomiques. — Nous savons maintenant que pour les gaz, et d'une façon générale pour une vapeur suffisamment éloignée de son point de liquéfaction, nous admettons avec Avogadro qu'un même volume, pris sous la même pression et à la même température renferme le même nombre de molécules, que les poids moléculaires sont proportionnels aux densités. On peut se demander maintenant quel volume occupent des quantités de ces corps, proportionnelles aux poids moléculaires, autrement dit, quels sont les *volumes moléculaires* de ces gaz. On comprend déjà que les volumes moléculaires des gaz sont tous égaux entre eux. Ces volumes seront donnés *en divisant les poids moléculaires par les densités,* absolument

1. *Bulletin de la Société chimique,* t. XVIII, 1872, p. 535.

comme pour avoir le volume d'un corps on divise le poids de ce corps par la densité

$$V = \frac{P}{D}$$

En divisant les poids atomiques par les densités on aura de même les volumes atomiques.

Nous comprenons de suite, comme nous l'avons dit, que les volumes moléculaires des gaz sont égaux entre eux. En effet appelons V, V', V''... les volumes moléculaires des différents gaz nous aurons :

$$V = \frac{P}{D}, \; V' = \frac{P'}{D'}, \; V'' = \frac{P''}{D''}$$

Or nous savons que

$$\frac{P}{D} = \frac{P'}{D'} = \frac{P''}{D''}$$

car

$$\frac{P}{D \times 28,88} = 1, \; \frac{P'}{D' \times 28,88} = 1, \; \frac{P''}{D'' \times 28,88} =$$

donc

$$V = V' = V'' = \ldots\ldots$$

Les volumes atomiques des gaz seront évidemment différents, puisque, comme nous l'avons dit, ils ne contiennent pas le même nombre d'atomes sous le même volume.

Si les corps solides et liquides ne contiennent pas le même nombre de molécules sous le même volume, cela tient à ce que les espaces intermoléculaires sont très-variables d'un corps à l'autre. Il va s'en dire que, sous le nom de volumes molécu- laire ou de volumes atomiques, on comprend également les espaces inter-moléculaires ou inter-atomiques.

Il est important, pour établir ces volumes moléculaires ou atomiques, que les densités soient comparables et pour cela que les états physiques soient comparables. Pour les corps solides il faudra déterminer les densités autant que possible à des distances égales de leurs points de fusion; pour les liquides, à des distances égales de leurs points d'ébullition, suivant les recommandations d'Hermann Kopp.

Il est impossible, bien entendu, de déterminer les densités au point d'ébullition; mais lorsqu'on connait le coefficient de dilatation d'un liquide et sa densité à une distance quelconque du point d'ébullition, il est facile de calculer sa densité au point d'ébullition.

M. Hermann Kopp a calculé, d'après ces données, un grand nombre de volumes moléculaires. Il les a rapportés au volume moléculaire de l'eau $= \dfrac{18}{1} = 18$

Il a reconnu que :

1° Les volumes moléculaires des composés homologues différant par n CH^2, diffèrent entre eux de n fois 22 environ.

2° Les liquides isomères appartenant au même type ont le même volume moléculaire.

3° Le remplacement de H^2 par O, ne modifie pas le volume moléculaire. Il en est de même de la substitution de C'' à H^2.

Les poids moléculaires et les équivalents. — Deux lois régissent les combinaisons chimiques; la loi des proportions définies, la loi des proportions multiples. Partant d'une base conventionnelle (en général on prend l'hydrogène), on établit en chimie des nombres pour chaque corps simple, qui expriment précisément les rapports pondéraux pour lesquels ils entrent dans les combinaisons. Certains chimistes établissent ces rapports pondéraux qu'ils appellent équivalents, en partant de l'unité conventionnelle l'hydrogène et en s'inspirant des données chimiques, des analogies chimiques, des *convenances chimiques.* Malheureusement ces analogies chimiques ne suffisent pas, comme nous l'allons voir. Et de prime abord, la plus grande indécision peut régner sur le choix d'un équivalent pour un corps, précisément à cause des combinaisons multiples que peut contracter ce corps.

Ainsi aujourd'hui, on admet pour les équivalents de l'hydrogène, de l'oxygène et de l'azote les nombres 1, 8, 14. Qu'est-ce qui justifie cet équivalent 14, de l'azote par exemple? L'hydrogène étant 1, l'équivalent de l'azote doit être 4,66, d'après la composition centésimale du gaz ammoniac qui indique somme toute que Az est uni à H. Si nous prenons les combinaisons oxygénées de l'azote nous voyons que pour l'équivalent 8 d'oxygène tiré de la formation de l'eau HO, la plus petite quantité d'azote qui se combine à 8 d'oxygène est égale à 14. Voilà deux faits qui peuvent nous jeter dans l'indécision. L'équivalent de l'azote est-il 4,66 ou 14? Même raisonnement pour les combinaisons du carbone. La composition centésimale de l'hydrogène bicarboné, établie depuis longtemps par Dalton, nous indique que pour 1 d'hydrogène il se combine 4,3 de carbone. D'un autre côté l'analyse de l'acide carbonique nous amène à conclure que l'équivalent du carbone est égal à 3, puis l'analyse de l'oxyde de carbone nous montre qu'il est égal à 6, toujours en admettant l'équivalent 8 pour l'oxygène tiré de la formule de l'eau HO. Nous citerions ainsi une multitude d'exemples où les équivalents (Wollaston) ou nombres proportionnels (Davy) sont impossibles à déterminer par la simple connaissance de la composition centésimale d'un corps composé à cause de ce fait précisément de la combinaison en proportion multiple.

C'est pour cela que M. Marignac s'est exprimé ainsi dans un article très-judicieux[1] : « L'expérience prouve que l'on peut assigner à chaque corps, soit simple, soit composé, un certain nombre de poids multiples les unes des autres, exprimant les proportions suivant lesquelles tous les corps peuvent se combiner entre eux. Si l'un de ces poids est choisi pour exprimer l'équivalent de ce corps, il en résulte que toutes les combinaisons

1. Voir *Moniteur scientifique de Quesneville*, 1877, p. 921.

résultent de l'union d'un nombre simple d'équivalents de divers éléments, et qu'en exprimant ces équivalents par des symboles (en général la première lettre du nom de chaque corps), elles peuvent être représentées en général par des formules peu compliquées. C'est là, au fond, la seule condition absolument exigée des équivalents, car l'on voit par là, que la seule définition générale, sinon précise, qu'on en puisse donner, c'est que l'équivalent représente, pour chaque corps, l'un des poids de ce corps susceptibles de se combiner avec les autres équivalents ».

Dans la pratique il faut cependant en adopter un, pour donner une formule aux corps composés. On a adopté les bases suivantes :

Les corps, qui jouent en chimie des rôles analogues, seront représentés par des poids qui se remplacent dans les combinaisons analogues.

Cette base est déjà très incertaine. On n'en a pas tenu compte pour l'alumine, dont un équivalent vaut 3 de magnésie malgré le rôle analogue; pour l'acide phosphorique, dont l'équivalent vaut 3 d'acide azotique, malgré le rôle chimique analogue comme agent saturant les bases.

Les composés qui ont le plus d'analogie, dit-on encore, seront représentés par des formules semblables.

On a été guidé ainsi pour déterminer les équivalents de l'aluminium, du fer, du cuivre. Mais comment n'admet-on pas alors que l'aluminium et le magnésium qui sont tous deux des agents de désoxydation énergique, ne se remplacent pas du tout dans le rapport indiqué par les équivalents adoptés pour ces 2 métaux?

On a dit encore : *Les nombres proportionnels aux équivalents des corps simples sont les quantités de ces corps qui se combinent avec 8 d'oxygène. Lorsqu'un corps formera deux composés avec l'oxygène, celui où le corps entrera pour la plus petite quantité servira à fixer le nombre proportionnel.*

Cette règle prête souvent à l'arbitraire. L'analyse de l'acide iodique, par exemple, qui exprime la combinaison oxygénée de l'iode, la moins riche en oxygène que l'on connaisse avec certitude, fera donner un équivalent à l'iode, égal à 25,4, correspondant à 8 d'oxygène. L'acide iodique serait représenté par IO. Ce sont les analogies chimiques de l'acide iodique avec l'acide chlorique, de l'acide iodydrique avec l'acide chlorhydrique qui ont fait donner à l'iode, l'équivalent 127 et à l'acide iodique la formule IO^5 correspondant à ClO^5.

Pour nous résumer, les partisans des équivalents établissent leurs nombres proportionnels sans être guidé par une métode, p ar une règle. Ils se laissent uniquement guider, par un ensemble plus ou moins arbitraire de *convenances chimiques* comme nous l'avons déjà dit. Nous ajouterons que lorsque les idées de la théorie atomique entrent dans ces convenances, elles sont accueillies. On rapportera la formules des corps organiques à 4 volumes de vapeur dans la théorie des équivalents. Cette unité de mesure conventionnelle adoptée par es équivalentistes est un emprunt fait aux idées de Gerhardt, aux idées atomistiques.

La théorie atomique partant des conceptions rationnelles sur la constitution de la matière, attache une grande importance à la loi de Gay-Lussac. Avec Gerhardt elle y voit une révélation dans cette commune mesure des volumes résultant de la combinaison des vapeurs. Elle édifie un système rationnel en harmonie avec les lois physiques qui régissent ces vapeurs. Comprenant des composés innombrables sous 2 volumes de vapeur, elle trouve que cette unité de grandeur, qui sert à établir le poids moléculaire, concorde avec toutes les analogies chimiques. Elle fait de la densité des vapeurs son criterium, la base de ses nombres proportionnels, de ses formules. Cette généralisation est tellement importante que les équivalentistes font rentrer le procédé dans les *convenances expérimentales* et l'adoptent. Par quelle idée sont-ils guidés dans ce choix ?...

Cette façon de procéder pour établir les rapports pondéraux des substances simples entrant dans les combinaisons
rend le système des équivalents, comme l'a dit M. Marignac,
purement conventionnel, fort arbitraire, de telle sorte qu'il ne
peut avoir aucune prétention à un valeur scientifique.

Laissons encore parler M. Marignac [1] :

« L'hypothèse de l'existence des atomes rend compte d'une
manière si simple de celle des proportions chimiquement équi-
valentes entre les éléments qui jouent le même rôle, qu'on est
naturellement conduit au premier abord à considérer ces proportions comme représentant leurs poids atomiques relatifs,
bien que cette conséquence ne soit pas rigoureusement nécessaire. Mais il est évident que puisque cette considération de
l'équivalence chimique, ni aucune considération tirée de la
chimie seule, n'a pu conduire à un système complet et logique
d'équivalents chimiques, elle ne suffira pas davantage à nous
diriger dans le choix de tous les poids atomiques, et comme
ceux-ci, en raison de l'hypothèse relative à leur nature, ne peuvent pas être arbitraires comme leurs équivalents, il a bien
fallu recourir à l'étude des propriétés physiques des éléments et
des corps composés, afin d'y chercher des motifs pour se diriger
dans cette détermination. Parmi toutes les considérations qui
peuvent être invoquées, les plus importantes sont les densités
des gaz et des vapeurs, les chaleurs spécifiques, les faits d'isomorphisme. »

On dira que ces lois physiques n'ont rien d'absolu, mais
quelles sont les lois absolues en science? La loi même des
volumes de Gay-Lussac devrait être abandonnée, comme le
remarque encore fort bien M. Marignac, puisqu'il est constaté
que les différents gaz n'ont pas le même coefficient de dilatation, en sorte que l'existence de rapports simples dans les
combinaisons en volume ne peut être rigoureusement vraie.

1. Loc. cit., p. 923.

Pour nous résumer, nous dirons que les poids atomiques ne sont autre chose que des nombres proportionnels, pour la détermination desquels on a eu recours à des considérations scientifiques, tirées de l'étude des propriétés physiques et chimiques, au lieu de recourir à des conventions arbitraires.

§ 2. — Considérations philosophiques sur la notion de l'atome et de la molécule.

Newton écrit en tête de ses œuvres : *Hypotheses non fingo.* L'on connaît encore l'emblème de l'Académie florentine fondée par Galilée : *Provendo e riprovendo.* Cet éclatant hommage rendu à l'expérience doit-il nous faire proscrire toute considération spéculative? Est-ce déroger aux règles de la science des faits, que de quitter le champ de l'expérience pure, pour s'élever par induction à des conceptions théoriques? Certains esprits prudents, se confinant dans un positivisme réservé, rejettent ces procédés, qu'ils considèrent comme inutiles toujours, comme nuisibles souvent. Ont-ils raison?

La loi des proportions définies est établie en science. Dalton découvre la loi des proportions multiples. L'hypothèse de l'atome prend naissance. Ce n'est plus là cette conjecture métaphysique *a priori* de Lencippe ou de Démocrite. C'est une hypothèse physique, fondée sur une loi qui n'est après tout que l'expression abrégée d'un fait constant.

La combinaison suivant un rapport fixe et invariable, la combinaison suivant une proportion multiple de ce premier rapport, suscite l'idée de raisonner sur un élément primordial : l'atome.

Et Auguste Comte l'ennemi des hypothèses n'hésite pas à lui faire bon accueil; le principe de la doctrine lui paraît être en harmonie avec l'ensemble des notions scientifiques de tous genres, et se réduire presque « à une heureuse généralisation directe des idées spontanément familières à tous les esprits, qui cultivent les diverses parties de la philosophie naturelle [1]. »

Mais les sciences physiques et chimiques progressent. Certains faits sont approfondis ; d'autres surgissent. Les résultats de l'expérience parlent avec éloquence. Des milliers de corps peuvent passer à l'état de vapeur ou de gaz. Les gaz sont également compressibles, également dilatables. Ils se combinent en rapports constants et simples en volumes : la contraction qu'ils éprouvent en se combinant est nulle ou de nature à s'exprimer par des rapports simples. La notion de molécule apparaît. Les gaz sont composés de molécules, composées elles-mêmes d'atomes.

Les propriétés physico-chimiques des gaz approfondies, ne permettent pas de considérer le même nombre d'atomes sous le même volume, mais bien le même nombre de molécules, c'est-à-dire d'éléments se montrant simples, indépendants dans les phénomènes physiques, mais complexes, c'est-à-dire composés d'éléments primordiaux (atomes) dans les combinaisons chimiques.

Les notions d'*atome physique* ou mieux de *molécule* et d'*atome chimique* prennent rang dans la science.

Certains esprits éminents se récrient et trouvent que la science risque de s'égarer du moment qu'elle raisonne sur des abstractions.

« Il y a là deux notions hypothétiques, dit M. Berthelot, celle de la molécule et celle de l'atome. Qui a jamais vu, je le répète, une molécule gazeuse ou un atome? La notion de molécule est indéterminée, au point de vue de nos connaissances positives, tandis que l'autre notion, celle de l'atome, est purement hypothétique, on pourrait même dire contradictoire en soi, si on la prend dans un sens absolu [2]. »

Nous ne disconvenons pas que l'hypothèse de l'atome, aussi

1. *Cours de philosophie positive*, t. III, p. 100.
2. *Comptes rendus de l'Académie des sciences*, 1877, p. 1194.
t. LXXXIV.

bien que celle de la molécule, n'ont aucune valeur positive. Mais faut-il donc admettre une science sans hypothèse, sans théorie ? Nous nous demandons quel est l'esprit qui prétend être affranchi de toute tendance philosophique sur la constitution de la matière.

Comme l'a dit quelque part M. Saigey : « Parmi les hommes qui font faire de réels progrès aux sciences, ceux qui paraissent le plus enfermés dans la recherche des faits particuliers ; ceux qui restent confinés dans la mesure patiente de certains phénomènes, ont certainement leurs théories générales qu'ils se dispensent peut-être de livrer au public, mais qui les guident dans leurs travaux, qui les portent à aborder telle question plutôt que telle autre, qui, vraies ou fausses, leur suggèrent des aperçus nouveaux et classent pour eux les phénomènes. »

La théorie atomique n'a pas d'autres prétentions. On n'a pas vu l'atome et la molécule. Mais qui se hasardera d'en décrire la forme, le volume exacts? Qui se perdra dans des considérations surannées sur le nombre de ces atomes dans un volume de matière donnée par exemple? Ce sont certains esprits mathématiques qui se complaisent dans ces ingénieux calculs, mais qui n'ont garde d'en faire des vérités. D'ailleurs lorsque M. Gaudin nous aura dit que le nombre d'atomes métalliques contenus dans une tête d'épingle exigerait, pour être évalué, que l'on comptât pendant plus de deux cent cinquante mille années, en détachant chaque seconde, par la pensée, un milliard, nous ne voyons pas en quoi la science chimique sera ébranlée dans l'ensemble de ses connaissances positives et démontrées.

Il est vrai que Wolf, en 1746, enfante sa théorie des monades, renouvelée des Grecs, qui n'offre pour point de départ aucune notion positive. Cette théorie vague, fantaisiste, aux prises avec une imagination déréglée, devait bientôt avoir le sort de bien d'autres élucubrations. Demandez à Wolf ce que sont ses monades, il vous répondra que ses monades sont des espèces d'atomes, mais des atomes non doués d'étendue, sans être cependant des points sans étendue. Alors qu'est-ce donc? Ce sont, répond-il sérieusement, des substances *quasi éten-dues*.

Que la philosophie positive se rie de ce mysticisme, d'accord; mais qu'elle confonde des partisans de la théorie atomique actuelle avec ces *convulsionnaires* de la science, nous ne le comprenons pas.

Les atomistes font des hypothèses. Mais laissons parler un de nos plus illustres savants qui répudie la théorie atomique [1].

« Un corps simple ou composé peut être considéré comme constituant un certain système de particules matérielles, jouissant d'une masse déterminée, maintenues à distance les unes des autres et animées chacune de vitesses et de mouvements propres, mouvements de vibration, de rotation, de translation ; certains de ces mouvements changent avec la température et diverses autres circonstances. C'est l'ensemble de ces mouvements qui caractérise le corps et qui détermine les effets de tout genre qu'il produira sur d'autres corps, sur nos sens en particulier.

« Soit maintenant un deuxième corps, c'est-à-dire un second système de particules caractérisées également par leur masse, la nature et la vitesse des mouvements dont elles sont animées. Pour qu'une action chimique, telle que la combinaison, ait lieu entre ces deux corps, il faut d'abord opérer le mélange des deux systèmes de particules qui les constituent. Il se présente alors deux cas que nous pouvons nous figurer de la manière suivante:

« 1° Les phases de leurs mouvements sont concordantes ou présentent une commune mesure ;

« 2° Elles n'ont pas de commune mesure.

« Dans ce dernier cas, elles ne pourront pas s'assembler en groupes complexes, tous identiques entre eux : c'est une condition qui semble exclure tout phénomène chimique proprement

1. Berthelot, *Leçons sur les méthodes générales de synthèse*, p. 63.

dit. Tel est le cas de l'oxygène et de l'azote mis en présence à la température ordinaire.

« Si au contraire les phases des mouvements particuliers sont concordantes, ou si elles ont une commune mesure, les particules se réuniront deux à deux, ou bien une à deux, deux à trois, etc., en formant un nouveau système de particules complexes, animées de mouvements propres, les mêmes pour tous les groupes semblables, enfin caractérisées à la fois, par leur masse, qui est la somme des masses composantes, et par la nature, la grandeur et la direction de leurs mouvements, qui sont la résultante de ceux dont étaient animées les particules composantes. Cependant, au moment où la combinaison a eu lieu, il s'est opéré certains chocs ou frottements et par suite certaines pertes de force vive qui se traduisent par des dégagements de chaleur, d'électricité, voire même par des effets mécaniques de projection et de translation proprement dits, comme on l'observe dans le cas des corps détonants. »

M. Berthelot a soin d'ajouter (en note) qu'il indique ces hypothèses pour fixer les idées, mais sans y attacher une valeur positive.

Il dit un peu plus loin : « On ne saurait donc représenter la constitution d'un corps composé par de simples arrangements de formules, parce que la connaissance des éléments des corps ne suffit pas pour nous faire saisir les relations qui existent entre les mouvements des particules primitives et les mouvements des particules complexes qui en résultent ; il faudrait tenir compte dans ces symboles des changements survenus dans la vitesse et la direction des mouvements, et des pertes de force vive, sous forme de chaleur, d'électricité, etc., qui se sont effectuées au moment de la combinaison. »

M. Berthelot, nous le voyons, admet le mot particule qui est en quelque sorte l'élément primordial, acteur dans le jeu des affinités. L'illustre chimiste donne une image des phénomènes de la combinaison chimique dans un langage clair et saisissant.

N'est-ce pas là de la métaphysique *a posteriori?* N'est-ce pas là
édifier une hypothèse métaphysique qui n'est ni vérifiée ni
vérifiable, et qui cependant donne à l'esprit une base de raisonnement, le soutient dans ses conceptions, et imprime une
direction rationnelle aux recherches qu'il entreprend?

A-t-on jamais vu les vibrations, dont nous parle M. Berthelot, les mouvements de rotation, de translation dont la nature
peut être animée?

On n'a pas vu la molécule gazeuse ni l'atome, comme on
n'a pas vu non plus la particule qu'admet M. Berthelot. Et
assurément si M. Berthelot a bien soin de dire que la conception de la particule est une pure hypothèse, nous ne croyons
pas que M. Wurtz ait jamais envisagé la molécule et l'atome
comme autre chose qu'une conception hypothétique. M. Berthelot se sert d'une image pour fixer les idées. M. Wurtz se sert
d'une autre image, pour également fixer les idées. L'image de
M. Berthelot est plus réservée, plus timide ; celle de M. Wurtz
est plus hardie. M. Berthelot craint de tirer des données de la
physique, des probabilités sur la constitution de la matière, qu'il
ne demande qu'aux relations chimiques. M. Wurtz élabore une
conciliation et voit, dans les données de la physique et de la
chimie, les éléments d'une doctrine hypothétique, il ne l'a jamais
nié, mais doctrine qui jette ses racines dans le domaine de
l'expérimentation pure, et qui par suite est essentiellement *a
posteriori.*

L'hypothèse atomique est modifiable comme toutes les
hypothèses, elle subira sans doute des changements profonds,
fruits de l'expérience, résultats immédiats des faits acquis. Mais
enfin, comme nous l'avons dit et répété, elle est un guide pour
l'esprit d'investigation, elle est un vaste schéma, qui coordonne
l'ensemble de nos connaissances chimiques, et cela est surtout
vrai dans la chimie si vaste du carbone.

Nous ne croyons donc pas, comme l'a dit M. Berthelot, que
cette hypothèse soit mystique. Une même hypothèse peut revê-

tir une forme de conception bien différente assurément, suivant
la tournure d'esprit d'un chacun.

Une hypothèse, mystique pour l'un, peut avoir une toute
autre valeur pour un autre qui l'admet cependant, l'utilise
comme point de départ de ses raisonnements sans pour cela
l'ériger à l'état de vérité fondamentale.

M. Berthelot dit encore[1] : « Les formules actuelles, de quelque façon qu'elles soient écrites, n'expriment en rien la constitution réelle des corps. Elles les représentent en quelque sorte à
l'état statique et non à l'état dynamique. Or, c'est par une pure
abstraction que nous distinguons la matière des mouvements
dont elle est animée. Ce sont là deux choses inséparables dans
la réalité, et sans lesquelles on ne pourra jamais concevoir la
constitution d'aucune substance simple ou composée. »

Nous nous demandons si la théorie atomique est incompa-
tible avec la dynamique chimique. M. Berthelot nous a donné
une idée des combinaisons dans les corps, en raisonnant sur la
particule. Les atomistes sont-ils moins clairs en raisonnant sur
la molécule et l'atome? Quand on pourra traduire dans un langage les dégagements de force vive dans les réactions, le langage atomique sera assurément modifié, il dira plus qu'il ne dit ;
mais faudra-t-il méconnaître les services qu'il a pu rendre dans
les débuts de la science, avant que le dynamisme chimique ait
acquis droit de cité dans la forme de nos conceptions, et ait reçu
une expression écrite. Et certes les atomistes sont les premiers à
accueillir avec faveur les travaux de thermo-chimie dont
M. Berthelot enrichit la science tous les jours. L'hypothèse atomique subira donc des évolutions, on n'en doute pas; aujour-
d'hui elle constitue une théorie; il lui faudra de longues étapes
encore avant de revêtir la forme définitive qui doit en faire une
loi fondamentale à la base des sciences physico-chimiques.

D'ailleurs les atomistes seraient bien mal venus à nier le

1. Voir *Leçons sur les méthodes générales de synthèse*, p. 65.

progrès, qu'ils soutiennent tous les jours de leurs découvertes sans nombre.

Ainsi donc en nous plaçant complétement en dehors des luttes d'école et de parti, où la passion se glisse malgré soi, nous nous demandons si les adversaires et les partisans des idées atomistiques sont si loin d'une conciliation, qu'ils semblent l'affirmer dans leurs polémiques. Nous nous demandons si la façon de concevoir la découverte possible d'un alcool diatomique, qui a valu à M. Wurtz la découverte du glycol, est si éloignée de la conception qui a valu à M. Berthelot la découverte des alcools polyatomiques d'une façon générale. Évidemment non.

MM. Graebe et Liebermann n'ont pas fait la synthèse de l'alizarine, en partant de considérations plus illogiques que celles qui ont guidé M. Berthelot dans la synthèse de l'alcool éthylique.

M. Berthelot dit encore : « Sans doute les représentations sont commodes, et même nécessaires, pour trouver les choses nouvelles ; mais elles varient au gré de l'imagination de chacun ; gardons-nous d'en faire la base même de la science et l'objet d'une controverse perpétuelle. »

Assurément jamais M. Wurtz, pas plus qu'aucun autre atomiste, n'a fait de la théorie atomique la base de la science chimique. Pour M. Wurtz, comme pour M. Berthelot, la base réelle de la science est l'expérience, l'expérimentation rationnelle et raisonnée. Ils sont donc parfaitement d'accord sur ce point fondamental.

Nous comprenons que la médecine scientifique batte en brèche les folies subtiles de l'homœopathie. Mais le débat des atomistes et des équivalentistes doit-il revêtir pareille forme ?

Des deux côtés nous trouvons la religion du vrai. C'est à l'expérience de trancher maintenant. Nous venons de dire que chacun est libre d'avoir sa métaphysique *a posteriori*, d'ériger des théories et des hypothèses, si ces dernières doivent être fécondes.

Nous avons ajouté que les atomistes ne sont pas plus mystiques que les équivalentistes, puisqu'ils se contentent de donner une forme à des faits établis. Cette forme, il faut l'avouer, repose sur l'hypothèse d'Avogadro et d'Ampère qui doit être jugée par l'expérience. C'est ce que nous avons longuement discuté dans notre second chapitre. Qu'a dit l'expérience jusqu'à présent? C'est que 2 volumes d'un corps composé se combinent avec 2 volumes d'un autre corps composé, pour faire 2 volumes d'une combinaison condensée? L'hypothèse d'Avogadro et d'Ampère est en harmonie avec ce fait. On n'a apporté aucune preuve contre ce fait d'expérience, qui deviendra bientôt une loi fondamentale, lorsque de nouvelles preuves péremptoires lui auront donné un appui définitif.

L'hypothèse d'Avogadro et d'Ampère, clef de voûte de la théorie atomique, paraît se fortifier tous les jours. Voilà ce que prouve l'expérience. Tous les faits apportés pour l'ébranler semblent mal interprétés.

Ce n'est qu'une hypothèse assurément; mais elle se présente avec des garants assez fermes pour réclamer désormais l'attention de tous les hommes de progrès. Elle a éclairé d'un jour nouveau les faits déjà connus; dans les questions encore confusément étudiées, elle tracera une voie aux recherches et indiquera dans quel sens il faut d'abord interroger la nature. L'hypothèse fût-elle fausse, l'expérience saura en profiter.

Mais, dira-t-on, n'est-il pas à craindre qu'entraînés par cette image séduisante, certains observateurs n'en viennent à voir mal les faits, à vouloir les introduire de force dans le cadre qu'ils se sont tracés d'avance, et à dénaturer ainsi involontairement, avant de les livrer à la publicité, les résultats de leurs expériences?

Sans doute cela arrivera, cela est arrivé déjà pour bien d'autres hypothèses; mais ce n'est pas là un mal bien grave, la science est assez armée contre un pareil danger et des assertions erronées peuvent résister pendant longtemps à son contrôle.

D'ailleurs si nous voyons l'hypothèse de l'atome et de la molécule à la base des spéculations chimiques, ne voyons-nous pas l'hypothèse de l'éther à la base des spéculations physiques? Assurément l'éther n'a aucune valeur positive. Cette conception laisse le champ libre à des appréciations multiples. Descartes, Malebranche, Huyghens imaginent l'espace rempli d'un fluide subtil, impondérable, prodigieusement élastique, qui pénètre l'intérieur des corps et se continue entre les interstices de leurs particules.

L'auteur des *Météores* et du *Monde* s'exprime ainsi : « La matière subtile, qui remplit les intervalles qui sont entre les parties des corps, est de telle nature qu'elle ne cesse jamais de se mouvoir, çà et là, grandement vite, non point toutefois exactement de la même vitesse en tous lieux et en tous temps[1]. »

« Les parties sont beaucoup plus petites et se remuent beaucoup plus vite qu'aucune de celles des autres corps, ou plutôt, afin de n'être pas contraint d'admettre aucun vide en la nature, je ne lui attribue point de parties qui aient aucune grosseur ni figure déterminées; mais je me persuade que l'impétuosité de son mouvement est suffisante pour faire qu'il soit divisé en toutes façons et en tous sens par la rencontre des autres corps et que ses parties changent de figure à tous moments pour s'accommoder à celles des lieux où elles entrent; en sorte qu'il n'y a jamais de passage si étroit, ni d'angle si petit entre les parties où celles de cet élément ne pénètrent sans aucune difficulté et qu'elles ne remplissent exactement [2]. »

Malebranche, le premier ou des premiers, soupçonna que les ondulations de l'éther produisaient la lumière, et que les couleurs avaient leur cause dans les différences des longueurs

1. *Les Météores*, disc. pr., t. V, p. 160.
2. *Le Monde*, t. IV, chap. v, p. 238.

7

d'onde. Huyghens adopta cette manière de voir et la vérifia par
le calcul.

Il fit plus encore et jeta les fondements d'une théorie on-
dulatoire de la lumière ; il découvrit la loi de la double réfrac-
tion, la polarisation. Déjà au xviie siècle, l'hypothèse carté-
sienne devenait féconde. Pendant près de deux siècles elle
devait encore disputer ses droits à l'existence. C'est à Young et à
Fresnel que l'hypothèse de l'éther doit d'être passée au rang des
théories utiles, postulées désormais par la science contempo-
raine.

Si nous ne craignions de donner trop de longueur à notre
digression, nous montrerions combien cette hypothèse de l'éther
intervient d'une manière heureuse dans l'explication des phénomènes physiques.

Assurément la notion d'éther n'a aucune valeur positive,
pas plus que celle d'atome et de molécule ; mais loin de nous
faire négliger l'expérience pure, la science positive, elles nous
guident, elles nous stimulent à la recherche du vrai.

« Convaincus que la constitution des composés ne peut être
déduite que de l'étude attentive de leurs propriétés et de leurs
métamorphoses, les chimistes ont pris à tâche d'interroger les
corps eux-mêmes, de les transformer, de les tourmenter, en
quelque sorte, par l'action des réactifs les plus divers, dans l'es-
poir de découvrir leur structure intime. Et c'est là, messieurs,
la vraie méthode en chimie : déterminer par l'analyse la composition des corps, et, par l'étude attentive de leurs propriétés,
fixer, autant que possible, le groupement de leurs dernières
particules. C'est aussi le couronnement de notre science et
l'unique mais précieuse contribution qu'elle puisse fournir pour
la solution de ce problème éternel : la constitution de la matière[1]. »

1. Wurtz, *Théorie des atomes dans la conception générale du monde,*
.d 23, chez Masson.

Nous terminons ces considérations philosophiques par ces conclusions :

La théorie atomique en chimie, comme la théorie de l'évolution en zoologie, sont de puissantes hypothèses dont on ne peut nier le rôle dans les progrès de la science. Si elles s'effondrent un jour, elles resteront toujours vivantes dans l'histoire des fortes conceptions de l'esprit humain.

APPENDICE

MÉTHODES ET PROCÉDÉS PERMETTANT DE PRENDRE LA DENSITÉ DES VAPEURS.

Nous ne décrirons pas dans cet appendice tous les appareils employés en physique pour déterminer la densité des vapeurs.

Les appareils de Regnault offrent assurément une grande précision, mais ils ne peuvent être à la disposition courante du chimiste; pour leur étude, nous renvoyons aux ouvrages spéciaux.

Ce que le chimiste demande, ce sont des appareils d'un maniement facile, répondant à la plupart des cas qui peuvent se présenter dans le cours de ses recherches.

Nous avons décrit rapidement l'appareil de Gay-Lussac, dans le but de faire mieux comprendre l'appareil d'Hofmann, d'un usage courant dans les laboratoires, et reposant sur les mêmes principes. Nous avons insisté particulièrement sur l'appareil de Dumas qui a une très-grande importance en chimie et donne des résultats extrêmement précis. Nous n'avons pas craint même d'insister sur le Manuel opératoire que tout chimiste doit posséder à fond.

Ces considérations sur les méthodes propres à évaluer la densité des vapeurs se terminent par l'étude du procédé et de l'appareil de M. Victor Meyer, qui peut rendre aussi de grands services en chimie par son maniement facile et sa précision.

Méthode de Gay-Lussac [1]. — Gay-Lussac a préconisé une excellente méthode qui permet de prendre la densité des va-

1. Voir l'appareil dans la chimie fondée sur les théories modernes de Naquet. — Nouvelle édition, 1875, t. II, p. 26.

peurs à des températures comprises entre 0° et 200° environ. Cette méthode n'a qu'un inconvénient, celui de ne pouvoir s'appliquer aux températures élevées.

Toutefois on peut prendre plusieurs déterminations à des températures différentes dans les limites signalées plus haut. Et une petite quantité de matière volatile suffit.

L'appareil consiste en une cloche graduée de 300ᶜᶜ, un manchon de verre, un agitateur, une marmite de fonte, une vis à deux pointes pour les lectures et un support pour maintenir les diverses pièces fixées sur un fourneau.

On met du mercure dans la marmite et dans la cloche, et on retourne celle-ci dans le mercure comme pour recueillir un gaz. La matière, dont on veut prendre la densité de vapeur, a été pesée préalablement dans une petite ampoule mince et bien remplie, de telle sorte que la dilatation du liquide la brise facilement. On peut encore ménager une pointe à cette ampoule et la briser en l'appuyant contre la paroi interne de la cloche avant de la laisser monter à la partie supérieure. Ce procédé offre un inconvénient : une petite quantité de matière au moment de la rupture peut adhérer aux parois de la cloche et être ainsi une cause d'erreur dans l'appréciation de la densité. Il est préférable d'employer les petits flacons bouchés à l'émeri d'Hofmann, qui s'ouvrent facilement par la seule différence de pression, sous l'influence de la température.

Une fois l'ampoule contenant la matière introduite, on rend la cloche bien verticale et on l'entoure de son manchon; le tout repose sur le mercure. On verse dans le manchon soit de l'eau, soit de l'huile, et l'on fixe le tout à l'aide des pièces du support. Le fourneau est allumé. On agite le liquide du manchon afin que la température du liquide soit uniforme dans les diverses couches. Une fois le contenu de l'ampoule vaporisé, il faut faire la lecture. Pendant quelques instants on continue l'agitation, jusqu'à ce que la température devienne stationnaire. On note la température et la division A de la cloche à laquelle correspond le niveau supérieur du mercure. On fait affleurer une des pointes de la vis de la surface du bain du mercure dans la marmite, et on lit à l'aide d'une lunette bien horizontale ou d'un simple niveau la division B de la cloche à laquelle correspond la pointe supérieure de la vis. On prend également la hauteur barométrique.

La densité est facilement calculée à l'aide des données précédentes et de la formule suivante :

P = poids de la matière.
V = volume lu sur l'éprouvette supposée graduée à 0°.
K = coefficient de dilatation cubique du verre.
$$= \begin{cases} 0,0000276 \text{ de } 0 \text{ à } 100° \\ 0,0000284 \text{ de } 0 \text{ à } 150° \end{cases}$$
T = la température du bain.
H = la hauteur barométrique.
h = distance mesurée entre la division A et la division B + la longueur de la vis. (Cette distance est mesurée avec un compas à la température ordinaire ; on néglige la dilatation linéaire du verre.)

$$A = \frac{V (1 + KT) \, 0,0012032 \left[H - h \frac{5550}{5550 + T} \right]}{(1 + 0,00366 \, T) \, 760} =$$

poids d'un volume d'air égal à celui de la vapeur dans les mêmes circonstances.

$$A' = \frac{V (1 + KT) \, 0,0000896 \left[H - h \frac{5550}{5550 + T} \right]}{(1 + 00366, T) \, 760} =$$

poids d'un volume d'hydrogène égal à celui de la vapeur dans les mêmes circonstances.

$$D\,a = \frac{P}{A} = \text{poids spécifique par rapport à l'air.}$$

$$D\,h = \frac{P}{A'} = \text{poids spécifique par rapport à l'hydrogène.}$$

Nous disions précédemment qu'en brisant l'ampoule contenant la matière, au moment de l'introduction sous l'éprouvette, une petite quantité de substance pouvait adhérer aux parois de la cloche, au détriment de la quantité réelle soumise à la vaporisation. On peut, jusqu'à un certain point, remédier à cet inconvénient en chauffant assez fort pour que le niveau du mercure descende très-bas. On le fait ensuite remonter avant de faire la détermination.

Aux températures élevées, l'influence de la vapeur du mercure se fait sentir ; aussi faut-il dans le calcul retrancher de la pression II la tension de la vapeur mercurielle si bien évaluée par Regnault à des températures variables.

Méthode d'Hofmann [1]. — Cette méthode est la méthode de Gay-Lussac perfectionnée. Elle s'en distingue par la hauteur de la cloche qui a 1 mètre de haut et par le mode de chauffage. La cloche est graduée en millimètres linéaires et en centimètres cubes. On chauffe au moyen d'un courant de vapeur d'eau, d'alcool amylique ou d'aniline, que l'on recueille finalement dans un réfrigérant convenable. La matière est introduite dans une ampoule à pointe et mieux dans la petite ampoule bouchée à l'émeri d'Hofmann. Il faut avoir soin de tenir le tube très-incliné pendant l'ascension de l'ampoule, de peur qu'elle ne se débouche trop tôt et ne projette une colonne de mercure contre le fond du tube qu'elle pourrait briser.

Nous ferons remarquer les avantages de cette méthode sur celle de Gay-Lussac. Faisant passer un courant de vapeur dans le manchon extérieur, la température est plus uniforme que lorsqu'on chauffe de l'huile ou de l'eau malgré l'agitation pour mélanger les couches de liquide.

La hauteur de la cloche permet d'opérer à des pressions assez faibles pour abaisser considérablement le point d'ébullition. De cette façon on craint moins les décompositions ou dissociations : il est parfaitement inutile de chauffer à 50° au-dessus du point d'ébullition dans l'air. La densité de la vapeur d'aniline par exemple peut être prise fort exactement dans un courant de vapeur d'aniline, comme M. Hofmann l'a éxécuté.

Quant aux calculs, ils sont identiques à ceux rapportés dans la méthode de Gay-Lussac.

1. Voir l'appareil dans le *Dictionnaire de Wurtz*, t. I, p. 1139 (article Densité.)

M. Bruhl a modifié l'appareil d'Hofmann, et la façon d'opérer.
Le vide barométrique de son appareil est plus considérable
(190 cc); et ensuite il emploie une très-petite quantité de matière. A l'aide de ce simple artifice, M. Bruhl a réussi à déterminer la densité de vapeur de quelques corps bouillant à 250°, à
l'aide de la vapeur d'eau, moyen qui suffit pour la plupart des
cas analogues. Cet auteur emploie préférablement l'eau qui offre
une chaleur latente de vaporisation très-considérable, de telle
sorte qu'il est facile de maintenir une température constante dans
le manchon[1].

Méthode de Dumas[2]. — Le principe de la méthode de Dumas
est très-simple. On pèse successivement un ballon plein d'air
puis plein de la vapeur dont on veut apprécier la densité. Comme
le rapport doit être établi sous le même volume, il est important de tenir compte des variations de température, de pression
et de capacité différente du verre (par suite de l'élévation de
température pour vaporiser les corps).

Mode opératoire. — 1° On prend un ballon spécial imaginé par M. Dumas, qui constitue somme toute une grosse
ampoule de 300 cc de capacité, se terminant par une pointe convenablement inclinée et effilée. Ce ballon a été chauffé et préalablement fermé à la lampe. Au moment de s'en servir, on brise
l'extrémité de la pointe effilée dans un air bien sec, en ayant
soin de noter la température et la pression barométrique. On
prend le poids P de ce ballon à la température t° et sous la
pression H. On remplit ensuite le ballon de la vapeur dont on
veut prendre la densité, et cela à l'aide du tour de main que
nous allons d'écrire; on ferme ce ballon à la température t' et à
la pression H' et l'on pèse au milligramme comme précédemment pour l'air. Finalement on détermine la capacité intérieure
du ballon, c'est-à-dire le volume V à la température t.

1. Voir *Moniteur scientifique*, janvier 1878 (traduction de Geruld).
2. Voir appareil dans le *Dictionnaire Wurtz*, t. I, p. 1139.

L'expérience a ainsi fourni toutes les données nécessaires pour établir la densité de la vapeur.

En effet.

Nous avons deux éléments dans ce poids P du ballon rempli d'air sec : le poids de cet air et le poids de l'enveloppe de verre. Le poids de cet air que nous appellerons A, sera facilement calculé si l'on connaît son volume, sous une pression donnée, à une température donnée. La formule suivante le donnera :

$$A = V \; 0^{gr},001293 \times \frac{H}{760} \times \frac{1}{1 + at}$$

Le poids de l'enveloppe de verre sera évidemment :

$$P - A$$

Le poids P' du même ballon rempli d'une vapeur quelconque, se compose aussi du poids de cette enveloppe P — A et du poids X de cette vapeur.

On a :

$$X = P - (P\text{-}A.) \text{ ou } P' - P + A$$

ce poids se rapportant à un volume $V (1 + K (t' - t))$, à une température t' et à une pression H'.

(Dans cette dernière expression, K représente ici le coefficient de dilatation qui appartient au verre dont le ballon est formé.)

Pour avoir maintenant le poids de l'air sous le même volume que celui de la vapeur à t'^o et sous pression H', il suffit de poser l'expression suivante :

$$V (1 + K (t' - t)) \; 0^g,001293 \quad \frac{H'}{760} \times \frac{1}{1 + at'}$$

Pour avoir la densité cherchée, il suffit de diviser la valeur P' — P + A par celle qui résulte de la formule précédente, ces deux quantités représentant en effet les poids comparés de la vapeur et de l'air sous la même unité de volume, dans les mêmes conditions de température et de pression. Appelant D cette densité, nous aurons la formule définitive

$$D = \frac{(P' - P + A)\ 760\ (1 + at')}{V\ (1 + K\ (t' - t))\ 0{,}001293\ H'}$$

Manipulation. — Nous croyons utile de donner quelques détails de manipulation qui ont trait à cet important procédé.

On chauffe doucement le ballon au-dessus d'une lampe à alcool à laquelle on présente la face convexe, en tenant la pointe en l'air. La température du verre s'élève dans toute la partie inférieure du ballon. L'air dilaté s'échappe par l'ouverture effilée. On plonge alors cette ouverture dans un vase contenant le liquide à analyser. Par refroidissement le liquide monte jusque dans la panse du ballon; et, comme les parois qu'il rencontre sont froides, il continue son ascension d'une façon progressive et régulière. Dès que la quantité qui s'est élevée représente un poids de 8 à 10 gr., on retourne vivement le ballon, et le contact des parois chaudes n'a plus d'autre effet que celui de volatiser une partie du liquide introduit.

Pour remplir le ballon de vapeur, à l'exclusion de l'air et du liquide qui s'y trouvent actuellement contenus, on commence par le fixer dans un support métallique. Ce support se compose de deux anneaux horizontaux, dont l'un, l'anneau inférieur est fixe, tandis que l'autre, l'anneau supérieur, est mobile et peut monter ou descendre parallèlement à lui-même, au moyen de deux oreillons qui glissent dans les rainures de deux montants verticaux. On engage le ballon entre ces deux anneaux, en ayant soin que l'origine de sa tubulure se trouve dans la partie haute, et on le maintient dans une position invariable, à l'aide de deux bouchons pressés par deux vis. Une tige verticale porte une traverse mobile dans un plan horizontal, à laquelle on fixe deux thermomètres servant d'agitateurs.

Le système étant ainsi disposé, on le porte dans un bain d'huile contenu dans une marmite de fonte que l'on a placée sur un fourneau. Il s'y maintient complétement immergé par son propre poids, et le niveau du liquide doit s'élever assez haut pour recouvrir la voûte supérieure du ballon.

On chauffe graduellement l'eau du bain : la vapeur qui se forme dans l'intérieur du ballon chasse l'air par l'ouverture effilée et s'échappe elle-même par cette ouverture sous forme d'un jet parfaitement visible. On continue à chauffer jusqu'à une température déterminée, suivant le point de volatilisation du liquide ; lorsque le jet de vapeur cesse d'être aperçu, ce qui indique qu'il ne reste plus de liquide dans le ballon, on note la température t', la pression H', et l'on ferme l'orifice du tube à l'aide du chalumeau, en ayant soin de maintenir l'appareil dans le bain. On enlève ensuite le ballon, on l'essuie parfaitement, et l'on prend très-exactement son poids P'. Ce poids doit être notablement supérieur à P.

Pour déterminer maintenant la capacité intérieure du ballon à la température t, il faudra briser la pointe du ballon sous l'eau à la température t, en évitant toute rentrée d'air.

Le ballon étant refroidi, la vapeur s'est condensée, le vide s'est fait. La pression atmosphérique fait monter l'eau dans le ballon et l'emplit. On pèse cette eau, ou bien on la verse dans une éprouvette graduée pour en apprécier le volume ; et dans ce dernier cas il faut donner un trait de lime dans la partie la plus large du tube.

On a maintenant tous les éléments pour appliquer la formule donnée plus haut et avoir la densité de vapeur cherchée.

Méthode de MM. H. Sainte-Claire Deville et Troost. — Ces savants ont imaginé une méthode qui permet de prendre la densité de vapeur à des températures extrêmement élevées que la fusibilité du verre ne permet pas d'atteindre. Cette méthode est applicable aux corps volatils à hautes températures.

Ils obtiennent également des températures stationnaires, non plus avec l'huile comme dans le procédé de Dumas, qui se décompose à trois cents et quelques degrés, mais avec le mercure qui bout à 350°, le soufre qui bout à 440°, le cadmium à 800° et le zinc à 1,040°.

C'est au sein de ces corps en ébullition que MM. Sainte-Claire Deville et Troost prennent leurs densités de vapeur. Dans le cas de la vapeur de mercure, ils emploient un ballon de verre à col effilé, analogue à celui de M. Dumas. Lorsqu'ils agissent à des températures plus élevées, ils emploient un ballon de porcelaine de Bayeux portant un petit bouchon conique. Ce ballon est renfermé dans une marmite de fer plus haute que large, dont l'ouverture supérieure peut être bouchée par une plaque de tôle fixée par des vis. Cette marmite n'est autre qu'une bouteille à mercure dont on a coupé la portion supérieure. Les bords ont été rabattus, puis dressés afin de pouvoir fixer le couvercle.

Un tube de fer plus ou moins long est adapté aussi près que possible de la plaque supérieure obturatrice, percée elle-même en son centre d'un orifice. Ce tube est un tube distillatoire pour permettre à la vapeur de mercure, de zinc ou de cadmium de s'échapper. Le trou central de la plaque reçoit le col du ballon de porcelaine. On a fait enfin river des pointes de fer à 10 centimètres du fond pour recevoir un écran cylindrique en fer, destiné à garantir le ballon du rayonnement de l'enveloppe.

L'appareil est chauffé soit au gaz pour le mercure, soit au charbon dans un fourneau ordinaire. Si l'on opère dans la vapeur de mercure il faut avoir soin de refroidir le tube distillatoire latéral pour recueillir ce métal; dans le cas du zinc ou du cadmium, il faut au contraire chauffer ce tube sous peine de le voir obstrué.

Connaissant la température de la vapeur de mercure de zinc ou de cadmium en ébullition, comme on connaît celle de l'aniline ou de l'alcool amylique dans le procédé d'Hofmann, on sait d'une façon précise à quelle température on apprécie la densité

1 Voir l'appareil dans le *Dictionnaire de Wurtz*, T. I, p. 1140 (article Densité.)

du corps. On fond l'extrémité du ballon de verre avec le chalumeau à gaz ; si l'on a opéré avec le ballon de porcelaine, on
adapte à l'extrémité un petit bouchon conique préalablement
pesé. On fond sur place le petit bouchon conique avec le chalumeau à gaz oxygène et hydrogène. L'opération se termine
comme dans le procédé de Dumas; les calculs sont les mêmes;
seulement il faut avoir soin d'introduire le coefficient de dilatation de la porcelaine qui est égal à 0,0000108 entre 0° et la
température d'ébullition du cadmium.

M. Roscoe, a dernièrement modifié légèrement ce procédé [1].
Le chimiste allemand se sert de deux ballons de porcelaine
émaillée. Dans l'un de ces ballons il met la substance volatilisa-
ble à une haute température, dont il veut apprécier la densité
de vapeur. Dans l'autre il met du mercure. Ces deux ballons
sont portés simultanément dans un four à moufles chauffé au
rouge blanc. La température du four est appréciée à l'aide d'un
poids connu de platine, que l'on plonge ensuite dans un calori-
mètre afin de savoir la température, sachant la chaleur spécifique du platine. Le ballon contenant le mercure, taré primitive-
ment puis pesé, est un moyen de contrôle. Connaissant en effet
le coefficient de dilatation de la vapeur du mercure aux diverses
températures et la capacité du ballon de porcelaine, on pouvait
facilement l'utiliser comme thermomètre de contrôle.

M. Roscoe a pu prendre, à l'aide de ce procédé, la densité de
vapeur du chlorure de thallium qui exigeait une température
très-élevée.

Regnault et Mitcherlich ont donné d'autres méthodes qui ne
sont pas employées journalièrement comme les précédentes. Nous
ne les donnerons pas, pour ne pas dépasser le but que nous nous
proposons.

Si nous jetons un coup d'œil d'ensemble sur les procédés
que nous avons précédemment décrits, procédés de Hofmann, de

1. Roscoe, *Berichteder deutchen chemischem Gesellschaft,* n° 10—1878

Dumas, de Sainte-Claire Deville et Troost, nous voyons que celui d'Hofmann offre une supériorité sur les autres, celle de permettre d'opérer sur quelques centigrammes de matière seulement. Les autres procédés nécessitent l'emploi de 3 grammes de substance au moins. D'un autre côté, l'appareil d'Hofmann ne peut servir pour des températures très-élevées.

Méthode de Victor Meyer. — Victor Meyer [1] a donné il y a quelque temps une méthode avec un nouvel appareil, qui permettent d'opérer à des températures très-élevées avec quelques centigrammes de substance seulement.

L'appareil employé par ce physicien est une large ampoule fermée à une de ses extrémités et présentant à l'autre un tube recourbé en U.

Le principe de la méthode est celui-ci : emplir cette ampoule d'un liquide non volatil inattaquable par la plupart des vapeurs ; introduire dans cette ampoule la substance dont on veut apprécier la densité de vapeur ; calculer le volume de vapeur à l'aide du poids du liquide déplacé par la tension de cette vapeur à l'intérieur de l'ampoule.

Nous dirons en passant que Hofmann (Liebig's, *Annalen*, suppl. I, p. 10), ainsi que Wertheim (*Ibid.*, t. CXXIII, p. 173 ; t. CXXVII, p. 81; t. CXXX, p. 269) ont fait des recherches analogues.

Le liquide non volatil dont se sert Victor Meyer, au lieu de mercure, est le métal de Wood, composé de :

Bi	15 parties.
Pb	8 —
Sn	4 —
Cd	3 —

Cet alliage fond à une température inférieure à 70° centi-

---

1. *Berichte der deutschen chemischen Gesellschaft*, t. IX, p. 1216 — Voir l'appareil dans le *Moniteur scientifique de Quesneville*, n° de janvier 1878, t. I.

grades et n'est pas attaqué par la plupart des vapeurs organiques. Lorsqu'il est sali, on peut le purifier d'une manière extrêmement simple.

Supposons que nous ayons rempli le petit appareil de Victor Noyer de cet alliage à la température de 100°, et qu'une petite quantité de substance ait été introduite dans l'ampoule. On porte le tout dans un bain de soufre bouillant.

Par suite de la vaporisation de la substance et de la tension de cette vapeur formée, une petite quantité d'alliage est rejetée hors de l'appareil. La quantité de métal écoulée dépendra : 1° de la dilatation du métal chauffé de 100 à 444° centigrades ; et 2° du volume occupé par la vapeur de la substance introduite. Si on a déterminé, une fois pour toutes, le volume écoulé pour un gramme d'alliage, par suite de la dilatation entre 100 et 444° de l'alliage chauffé dans des vases en verre entièrement remplis à la température de 100°, et qu'on ait déterminé également la densité du métal à la température de 144°, on trouvera la densité de vapeur de la substance à l'aide des données suivantes :

1° du poids de la substance,

2° du poids de la quantité totale de métal employé,

3° de la quantité du métal écoulé,

4° de la pression atmosphérique et de la température qui est toujours 444°.

Il est important dans cette opération de peser la substance à un dixième de milligramme près. Quant au métal écoulé, comme il a une densité élevée supérieure à 9, un décigramme par exemple correspond à 1/100e de centimètre cube ; ce qui représente une différence assez petite pour qu'on n'en tienne pas compte dans la mesure du volume de vapeur.

On pourra donc facilement déterminer la densité d'une vapeur, une fois connue la densité du métal à la température d'ébullition du soufre, et une fois déterminée la quantité écoulée par rapport à 1 gramme de l'alliage, chauffé du point d'ébullition de l'eau à celui du soufre dans les vases en verre entièrement remplis à la première température.

Nous n'insisterons pas sur les procédés opératoires et les calculs dont s'est servi Victor Meyer pour avoir les données précédentes[1]. Comment maintenant détermine-t-il la densité de vapeur?

Nous laisserons parler Victor Meyer qui décrit avec minutie, sa méthode pouvant, à notre sens, rendre de réels services en chimie.

« Ce procédé peut être exécuté commodément en deux heures, y compris le temps pour les travaux préparatifs. Il s'étend à toutes les substances volatiles sans décomposition à 444° et dont la vapeur n'attaque pas le métal.

« Le dosage de la substance (matière d'essai) à déterminer se fait dans de petits vases. La quantité de substance employée dépend, naturellement, du poids moléculaire probable, et c'est pourquoi j'ai fait faire de ces vases de dimensions variées. Ils sont un peu courbés pour pouvoir être introduits sans difficulté par le tube vertical dans la partie sphérique de l'appareil. On pèse exactement le vase, on l'attache à un fil de platine et on l'immerge dans la substance fondue dans un tube à essai étroit. Quelques petites bulles d'air sont éloignées en remuant, chauffant, ou, au besoin, en touchant d'un fil de verre très-mince. Après refroidissement, le vase est détaché du fil, nettoyé avec de la soie et pesé.

« Dans le cas où on ne peut disposer de la quantité suffisante de substance pour pouvoir opérer de cette manière, où on possède, par exemple, seulement ce qu'il faut pour une opération, on concasse la substance fondue au préalable, on l'introduit au moyen d'une pincette et on le fait fondre après. Il n'y a pas besoin d'un bouchon. Grâce à l'adhésion de la substance aux parois du verre, aucune perte n'est à craindre. Ce dernier est

1. Voir *Berichte der deutschen*, etc., t. IX.

7

placé ensuite dans l'appareil, soigneusement nettoyé et séché. On pèse le tout au décigramme dans la balance moins sensible, et on remplit de métal l'appareil, dont le tube capillaire terminant l'ampoule est encore ouvert, et qui est tenu convenablement par le tube vertical au moyen d'un support.

« Pour les liquides, je me sers de petits tubes en verre à bouchon rodé. Quant aux substances non fusibles, il est bon de les pulvériser et de tasser la poudre dans le petit vase.

« Mais avant d'employer le métal pour la première fois, il est indispensable de le traiter successivement, à plusieurs reprises, par la benzine et l'alcool bouillants et de le sécher assez longtemps au bain-marie en remuant continuellement, en ayant soin d'enlever quelques scories de matière étrangère. Si le métal a déjà servi, il ne faut qu'un lavage à l'alcool bouillant. On conserve l'alliage dans une capsule vernie.

« Avant l'emploi on le refond au bain-marie, on chauffe quelque temps à 150-180° centigrades pour chasser l'humidité ; on laisse refroidir jusqu'à 100 degrés à peu près, et on le verse, finalement, dans l'appareil. Il faut incliner un peu celui-ci afin d'empêcher de retomber dans le tube latéral A le vase avec la substance, lequel doit être retenu dans la partie sphérique de l'appareil jusqu'à ce qu'il se trouve soulevé et porté par le métal. (En versant, je me sers d'un gant en cuir pour mieux tenir la capsule chaude.) Quelques bulles d'air adhérentes sont éliminées en remuant ou secouant légèrement l'appareil, avant de le remplir tout à fait. Une trace minime d'air n'a, du reste, aucune influence essentielle sur le résultat. Si le tube A, ainsi que la partie sphérique, sont entièrement remplis, on scelle l'appendice capillaire à la flamme d'un bec de Bunsen. Alors, pour porter le métal à la température du point d'ébullition de l'eau, on fixe l'appareil dans un support en fil de fer, à l'exception seulement des deux fils plus minces latéraux (pour mieux l'attacher, ce support porte à son bout opposé un crochet), et on l'introduit dans un verre ou mieux dans un vase en tôle contenant de l'eau bouillante. Au bout de quelques minutes on le retire du bain-marie, on enlève au moyen d'un morceau de papier à filtrer une goutte d'eau ou de métal surpassant le bord du tube vertical, on essuie l'appareil avec un drap, et enfin on le pèse dans la balance sensible au décigramme. Après cela on le place dans le support en l'attachant de la manière indiquée, au moyen des deux fils latéraux, qui sont en corde de piano assez mince. Toutes ces opérations réussissent au mieux, et l'appareil présente exactement l'aspect d'un appareil rempli de mercure.

« Ordinairement, avant le pesage, le métal dans le tube A se prend en masse, bien qu'il conserve encore assez longtemps sa chaleur. Ceci ne présente aucun danger si on a soin de ne pas laisser refroidir entièrement, autrement la rupture de l'appareil est à craindre. Pour éviter cet accident, il vaut mieux, après avoir pesé, refondre la partie refroidie du métal en l'approchant de la flamme d'un bec de Bunsen.

« Le chauffage dans la vapeur de soufre se fait dans un creuset en fonte de 400 centimètres cubes de capacité; avant de procéder à l'opération précédente, on a fait fondre dans ce creuset 120 à 130 grammes de soufre, qui, après refroidissement, doit représenter une surface plane. On introduit le fil, qui porte l'appareil, et on couvre le creuset d'un couvercle convenablement échancré pour laisser passer le fil de fer. Ce dernier est fixé par le bout libre dans la pince d'un support ordinaire. L'appareil doit occuper le milieu du creuset. Ensuite on chauffe par un bec de Bunsen à quatre flammes. Quand le soufre est en pleine ébullition, on voit sortir de la fente formée entre le creuset et le couvercle un courant pétillant de vapeur de soufre qui s'allume aussitôt à l'air, en donnant une flamme pointue de 15 centimètres de longueur.

« Dès l'apparition de la flamme de soufre, vingt minutes environ après le commencement du chauffage, on chauffe encore quatre minutes. Au bout de ce temps, on éteint le gaz et on

retire l'appareil du bain de soufre, après avoir relevé le couvercle
à l'aide d'une pince. Dans ce moment, encore une courte opération est nécessaire. Évidemment la pression que possède la
vapeur de la matière d'essai est égale à la pression atmosphérique, augmentée de la pression exercée par la colonne de métal
comprise entre le niveau du métal dans la partie sphérique et
le niveau dans le tube vertical. Il faut marquer le premier immédiatement après avoir sorti l'appareil ; car le métal est absorbé
aussitôt que la vapeur se condense par suite du refroidissement. On le marque en touchant d'un peu de cire à cacheter au
bout d'une baguette, juste à l'endroit du niveau. La tache persistante formée permet de mesurer, plus tard, à l'aide d'une
échelle en millimètres, la distance entre ce dernier et le niveau
du tube vertical. Comme la densité du métal à 444°,2 et celle
du mercure sont dans le rapport 2/3, il faut multiplier par 2/3
le nombre de millimètres trouvé et additionner le produit au
nombre de millimètres correspondant à la hauteur barométrique.

« On laisse refroidir un peu et on pèse, après avoir enlevé, au
moyen d'un morceau de papier à filtrer, quelques particules du
métal restées attachées légèrement à la surface de l'appareil.
En dernier lieu, on marque la hauteur barométrique pendant
l'essai, et on possède, maintenant, toutes les données nécessaires pour déduire la densité de vapeur ou la formule

$$D' \text{ (relativement à l'air} = 1) = \frac{S.\ 11146000}{(A - 0,036 - b)\ (P + 2/3\ p)}$$

« S étant le poids de la matière d'essai employée ;

« b le poids du métal employé ;

« A le poids du métal écoulé ;

« P la hauteur barométrique ;

« p la différence en millimètres entre le niveau du métal
dans la partie sphérique et le niveau en A.

« 0.036 est la perte de dilatation du métal, déterminée au commencement ;

« 2/3 le rapport de la densité du métal de Wood à la densité du mercure.

« Le calcul de la formule se fait de la manière suivante :

« Évidemment, la densité est égale à :

$$\frac{S.\ 760\ (1 + O.\ 003665.\ 444^{\circ}\ 2)}{V.\ D'.\ O.\ 001293}$$

en désignant par V le volume de vapeur, D' la pression existante et 0.001293 le poids de 1 centimètre cube d'air à 0 degré et à la pression de 760 millimètres. Or, on a :

$$V = O.\ 1092\ (a - O.\ 036)$$

(0,1092 est le volume de 1 gramme du métal ; 0,036 la perte par la dilatation mentionnée) et :

$$D' = P + 2/3\ p.$$

« La densité est donc :

$$\frac{S.\ 760\ (1 + 0,003665.\ 444.2)}{0,1092\ (a - 0,036)\ (P + 2/3\ p.)\ 0,001293}$$

ou

$$\frac{S.\ 11146000}{A. - 0,036\ b)\ (P + 2/3\ p)}$$

« D'après la détermination exacte de Regnault, le point d'ébullition du soufre est situé à 447°,71 pour la pression de 763^{mm},04 ; à 440°, 3 pour 679.^{mm}, 67 de pression. De là, on obtient, par interpolation, pour Zurich (hauteur barométrique moyenne 723, 5), le point d'ébullition du soufre à 444°, 2.

« Il reste à recouvrer le métal qui s'est écoulé dans le creuset, ce qui est très-simple, le métal étant à peine attaqué par le soufre bouillant. On chauffe le soufre jusqu'à ce qu'il soit devenu épais, et on renverse le creuset. Le métal s'écoule alors parfaitement pur, sans entraîner trace de soufre.

« S'il en reste encore quelque peu dans la masse épaisse du soufre, on l'enlèvera avec une baguette en versant les dernières parties du métal liquide. Traité par l'alcool bouillant et séché, il peut servir directement à une nouvelle opération.

« Pour obtenir le métal resté dans le ballon, ainsi que le vase à essai, on casse le premier, on débarrasse le métal solide des débris de verre à l'aide d'un petit marteau, et, finalement, on le réunit à celui provenant du soufre. Les petits vases sont purifiés par un traitement à l'acide nitrique bouillant. »

Victor Meyer a fait de nombreuses expériences qui lui ont donné des chiffres très-proches de la théorie. Nous citerons les suivants :

	DENSITÉS DE VAPEUR	
	calculé	trouvé
$C^{12} H^{10}$ Diphényle.	5,32	5,33
$C^{14} H^{10}$ Anthracène..	6,15	6,24
$C^{15} H^{12}$ Méthylanthracène.. . . .	6,63	6,56
Az $(C^6 H^5)^3$ Triphénylamine . . .	8,47	8,49
$C^{14} H^8 O^2$ Anthraquinone.. . . .	7,19	7,22
$C^6 H^4 Br^2$ Paradibromobenzol. . .	8,15	7,14
$C^{18} H^{14}$ Diphénylbenzol..	7,95	8,00

M. Watts[1] avait publié avant Victor Meyer un long mémoire sur l'application du principe de déplacement à la détermination de la densité de vapeur. Et Hofmann, il y a plus de dix-sept ans, pendant ses recherches sur l'oxyde de triéthylphosphine bouillant à 243°, avait mis à contribution un procédé analogue à celui décrit par Meyer. Hofmann, n'ayant pas besoin pour le cas qui l'occupait d'une température très-élevée, employait le mercure[2].

A la suite de Victor Meyer, MM. G. Goldschmiedt et G. Gia-

1. Zeitschrift für analytische chemie, t. VII, p. 82.
2. Berichte der deutschen chemischen Gesellschaft, t. X, p. 962.

mician, ignorant sans doute l'application faite antérieurement
par Hofmann de la méthode de déplacement, préconisèrent le
procédé par le mercure pour les corps dont le point d'ébullition
est inférieur à 300° centigrades. Les auteurs ont employé dans
ce but des ballons en verre d'une forme spéciale[1] ayant une
capacité de 150 centimètres cubes environ. Le procédé est le
suivant. Une quantité dosée de la substance est enfermée dans
un petit tube en verre dont les dimensions permettent de l'introduire facilement par le tube vertical dans le ballon. Les auteurs se sont servis de tubes ouverts pour les corps solides, de
tubes à bouchon rodé ou de tubes scellés en verre mince pour
les liquides. Dans ce dernier, la forme du ballon est à modifier.
Au lieu d'effiler en pointe capillaire le bout du ballon, on soude
à cet endroit un tube plus large, qui n'est effilé qu'après avoir
introduit par ce tube le vase avec la matière d'essai. On verse
le mercure avec un vase pesé, par le tube vertical, jusqu'à ce
que l'appendice capillaire soit plein et on scelle ce dernier. Ensuite on continue à verser jusqu'à ce que, dans la position verticale de l'appareil, le mercure entre dans le tube latéral. Pour
empêcher le mercure de sortir, on ferme ce tube avec le bout
du doigt, et quand l'appareil est rempli, on fait revenir l'excès
dans le vase que l'on pèse pour la seconde fois, afin d'apprendre
la quantité de mercure employée.

On chauffe soit au bain marie, soit au bain de paraffine,
selon le point d'ébullition de la substance à essayer. Dans le
bain, le ballon repose sur une plaque en liège convenablement
perforée, et fixée sur un anneau en fer.

L'anneau peut être haussé ou baissé à volonté, à l'aide d'une
baguette courbée deux fois à angle droit et mobile sur un support ordinaire. Afin d'éviter que l'appareil ne se renverse par
suite du déplacement du mercure, il est tenu par le tube vertical dans un tuyau. Dès que le ballon est dans le bain, on place

1. Voir *Moniteur scientifique de Quesneville*, n° de janvier — 1878 — t. I.

sous l'ouverture du tube latéral un vase dont on connaît le poids, et qui est destiné à recueillir le mercure déplacé par la chaleur et la pression de la vapeur formée.

Après avoir noté la température du bain et la hauteur barométrique, on sort l'appareil du bain en levant avec une main le support, tandis qu'avec l'autre on marque le niveau du mercure dans le ballon par une bande de papier. On pèse le mercure écoulé ; on mesure, à l'aide d'une échelle en millimètres, la distance qui sépare la marque du papier du niveau du tube latéral, et on a toutes les données empiriques nécessaires pour calculer la densité de vapeur.

Nous renvoyons au mémoire original pour les calculs et les tableaux consultés par les auteurs sur la tension de la vapeur et le coefficient de dilatation du mercure[1].

M. Frerichs a décrit un appareil répondant au même but et avec lequel on peut également calculer la densité à l'aide de la quantité du mercure déplacé[2].

Dernièrement Victor Meyer[3] a donné une nouvelle modification de son premier appareil, modification où il utilise le mercure à la place de l'alliage de Wood. Ce nouvel appareil, dont on trouvera une figure dans le *Berichte der deutschen,* se compose d'une ampoule allongée, terminée toujours par un tube recourbé en U, qui fait vase communiquant. Cet appareil plonge dans de la vapeur d'eau, de la vapeur d'aniline, etc., à l'aide d'un manchon approprié. Une certaine quantité de mercure s'échappe ici comme dans l'appareil de Goldschmiedt et Giamician. Le poids en est apprécié par le pesage avant et après l'opération. Faisant entrer dans les calculs tous les facteurs de l'expérience on en déduit, comme précédemment, la densité de la vapeur.

Nous rappellerons ensuite comme mémoire les nombreuses

1. *Berichte der deutschen chemischen Gesellschaft,* t. X, p. 641.
2. *Annalen der Chemie und Pharmacie,* t. CLXXXV, p. 199.
3. *Berichte der deutschen ch.,* n° 19, 1877, p. 2068 (avec appareil.)

études de Naumann sur les phénomènes qui se passent lorsqu'on soumet à la distillation un corps insoluble dans l'eau avec de l'eau. Il remarque que les liquides non miscibles entre eux passent à la distillation dans un rapport proportionnel à leur point d'ébullition.

Admettons ensuite que la tension d'un mélange de ces vapeurs est égale à la somme des tensions de chacune de ces vapeurs, il suffira d'analyser les liquides distillés à une température donnée, sous une pression donnée. Connaissant la force élastique de la vapeur d'eau à cette température et sous cette pression, il est facile d'en déduire la force élastique de l'autre vapeur dans les mêmes conditions physiques, et subséquemment le poids de la vapeur étrangère mélangée, et son poids relatif ou densité.

Nous n'insistons pas davantage sur ce procédé analytique, ingénieux, qui n'a qu'une valeur expérimentale relative. Nous renverrons au *Berichte*, X, p. 1421, 1819, 2014 und 2099, pour cette étude de Naumann, et au n° 11, 1878, pour la critique qu'en fait Horstmann, qui dit s'être occupé de cette même question il y a quelques années, mais l'a trouvée dans un grand nombre de cas peu pratique.

Nous nous bornons à l'ensemble de ces considérations pratiques sur les procédés employés pour évaluer les densités de vapeur. Elles suffisent au besoin de la chimie.

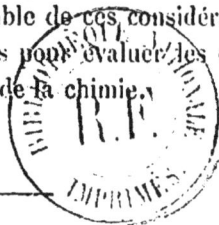

POIDS MOLÉCULAIRES TIRÉS DES DENSITÉS DE VAPEUR.

NOMS DES CORPS.	DENSITÉS.	DOUBLES DENSITÉS rapportées à l'hydrogène.	POIDS moléculaires.	FORMULES.
Hydrogène	0,0693		2	H²
Acide chlorhydrique	1,247	30,0	36,5	H Cl.
Chlore	2,44	70,5	71	Cl².
Brome	5,54	159,0	160	Br².
Iode	8,716	251,7	254	I².
Acide iodhydrique	4,443	128	128	H I.
Cyanogène	1,806	52,1	52	Cy².
Oxygène	1,1056	31,0	32	O².
Soufre	2,22	63,5	64	S².
Eau	0,6235	18,0	18	H² O.
Hydrogène sulfuré	1,1912	34,4	34	H² S.
Anhydride sulfureux	2,234	64,5	64	S O².
Anhydride sulfurique	2,763	79,8	80	S O³.
Anhydride sélénieux	4,03	116	111	Se O².
Azote	0,9714	28,0	28	Az².
Oxyde azoteux	1,527	44,1	44	Az² O.
Oxyde azotique	1,038	29,08	30	Az O.
Peroxyde d'azote	1,72	49,5	46	Az O²
Méthylamine	1,08	31,19	31	Az Me H²
Ammoniaque	0,591	17,07	17	Az H³
Phosphore	4,42	127,6	124	Ph⁴
Hydrogène phosphoré	1,184	34,2	34	Ph H³
Prochlorure de phosphore	4,742	136,9	137,5	Ph Cl³
Oxychlorure de phosphore	5,3	153,1	153,5	Ph O Cl³
Arsenic	10,6	306	300	As⁴.
Hydrogène arsenié	2,695	77,8	78	As H³.
Chlorure d'arsenic	6,3006	181,9	181,5	As Cl³.
Iodure d'arsenic	16,1	464,9	456	As I³.
Triéthylarsine	5,61	162,0	162	As Et³.
Cacodyle	7,1	205,0	210	As² Me⁴.
Oxyde de carbone	0,967	27,9	28	C O.
Anhydride carbonique	1,529	44,1	44	C O².
Hydrure de méthyle	0,558	16,1	16	Me H.
Méthyle	1,0365	29,9	30	Me².
Éthyle	2,0462	59,1	58	Et².
Chlorure de carbonyle	3,399	98,2	99	C O Cl².
Chlorure de carbone	5,415	156,4	154	C Cl⁴.
Sulfure de carbone	2,645	76,4	76	C S².
Chlorure de silicium	5,930	171,5	170	Si Cl⁴.
Silicium-éthyle	5,13	148,1	144	Si Et⁴.
Fluorure de silicium	3,600	103,9	104	Si Fl⁴
Silicate tétréthylique	7,325	211,5	208	Si (Et O)⁴
Perchlorure d'étain	9,199	265,7	260	Sn Cl⁴.
Stannotétréthyle	8,021	231,6	234	Sn Et⁴
Stannodiéthyle-diméthyle	6,838	197,5	206	Sn { Et². Me².
Chlorure de stannotriéthyle (de sesquistannéthyle)	{8,430	243,4	240,5	Sn { Et³. Cl.
Bromure de stannotriéthyle	9,924	286,6	285	Sn { Et³. Br.

POIDS MOLÉCULAIRES TIRÉS DES DENSITÉS DE VAPEURS

NOMS DES CORPS.	DENSITÉS.	DOUBLES DENSITÉS rapportées à l'hydrogène	POIDS moléculaires.	FORMULES.
Iodure de stannotriméthyle	10,32	208	200	$Sn \begin{Bmatrix} M^3 \\ I \end{Bmatrix}$
Dichlorure de stannodiéthyle.. . .	8,710	251,5	247	$Sn \begin{Bmatrix} Et^2 \\ Cl^2 \end{Bmatrix}$
Dibromure de stannodiéthyle.. . .	11,61	336,1	336	$Sn \begin{Bmatrix} Et^2 \\ Br^2 \end{Bmatrix}$
Chlorure de zirconium..	8,15	235,4	231	$Zr\ Cl^4$
Chlorure de titane	6,836	197,6	192	$Ti\ Cl^4$
Chlorure de bore.	3,942	113,7	117,5	$Bo\ Cl^3$
Fluorure de bore.	2,3694	68,4	68	$Bo\ Fl^3$
Borotriéthyle.	3,4006	98,2	98	$Bo\ Et^2$
Borotriméthyle.	1,9314	55,8	56	$Bo\ Me^3$
Bromure de bore.	8,78	253,6	251	$Bo\ Br^3$
Borate triméthylique	3,59	103,7	104	$Bo\ (MO)^3$
Borate triéthylique.	5,11	148,1	146	$Bo\ (Et\ O)^3$
Chlorure de vanadium.	6,11	177,3	175	$Va\ Cl^3$
Tétrachlorure de vanadium. . . .	6,69	193	193,2	$Va\ Cl^4$
Pentachlorure de molybdène. . . .	9,16	273	273,3	$Mo\ Cl^-$
Pentachlorure de tungstène. . . .	12,7	366	361,5	$W\ Cl^5$
Hexachlorure de tungstène.. . . .	13,2	382	397	$W\ Cl^6$
Pentachlorure de niobium.	9,6	277	2,715	$Nb\ Cl^5$
Acichlorure de niobium.	7,88	228	2,165	$Nb\ O\ Cl^3$
Pentachlorure de tantale	12,9	372	359,5	$Ta\ Cl^5$
Chlorure d'antimoine.	7,8	225,3	228,5	$Sb\ Cl^3$
Triéthylstibine.	7,23	208,8	209	$Sb\ Et^3$
Chlorure de bismuth.	11,38	327,8	316,5	$Bi\ Cl^3$
Acichlorure de chrome..	5,5	158,8	156,5	$Cr\ O^2\ Cl^2$
Chlorure d'aluminium..	9,34	269,7	268	$Al^2\ Cl^6$
Bromure d'aluminium..	18,62	537,7	535	$Al^2\ Br^6$
Iodure d'aluminium..	27,0	770,8	817	$Al^2\ I^6$
Perchlorure de fer..	11,39	328,0	325	$Fe^2\ Cl^6$
Acide osmique.	8,89	256,7	252,6	$Os\ O^4$
Zincéthyle.	4,259	123,0	123,2	$Zn''\ Et^2$
Zincméthyle.	3,29	95,0	94,9	$Zn\ Me^2$
Plombméthyle.	9,6	277,2	266,4	$Pb\ Me^4$
Mercure.	6,976	201,4	200	Hg^4
Chlorure mercurique.	9,8	283	271	$Hg\ Cl^2$
Bromure mercurique.	12,16	365,2	360	$Hg\ Br^2$
Iodure mercurique.	15,9	459,2	451	$Hg\ I^2$
Mercurodiméthyle..	8,29	239,4	230	$Hg\ Me^2$
Mercurodiéthyle..	9,97	287,9	258	$Hg\ Et^2$
Chlorure mercureux..	8,21	237,1	235,5	$Hg\ Cl$
Bromure mercureux..	10,14	292,8	280	$Hg\ Br$
Éthylène.	0,9784	28,2	28	$C^2\ H^4$
Chlorure d'éthylène.	3,4434	99,4	99	$C^2\ H^4\ Cl^2$
Chlorure de méthyle.	1,736	50,1	50,5	$Cl\ Me$
Bromure de méthyle..	3,253	93,9	95	$Br\ Me$
Iodure de méthyle	4,883	141	142	$I.\ Me$
Fluorure de méthyle.	1,186	34,3	34,1	$Fl.\ Me$

TABLE DES MATIÈRES

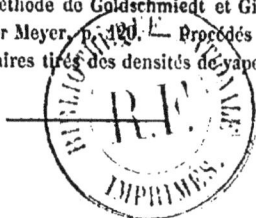

PARIS. — Impr. J. CLAYE. — A. QUANTIN et Cie, rue Saint-Benoît. [1141]

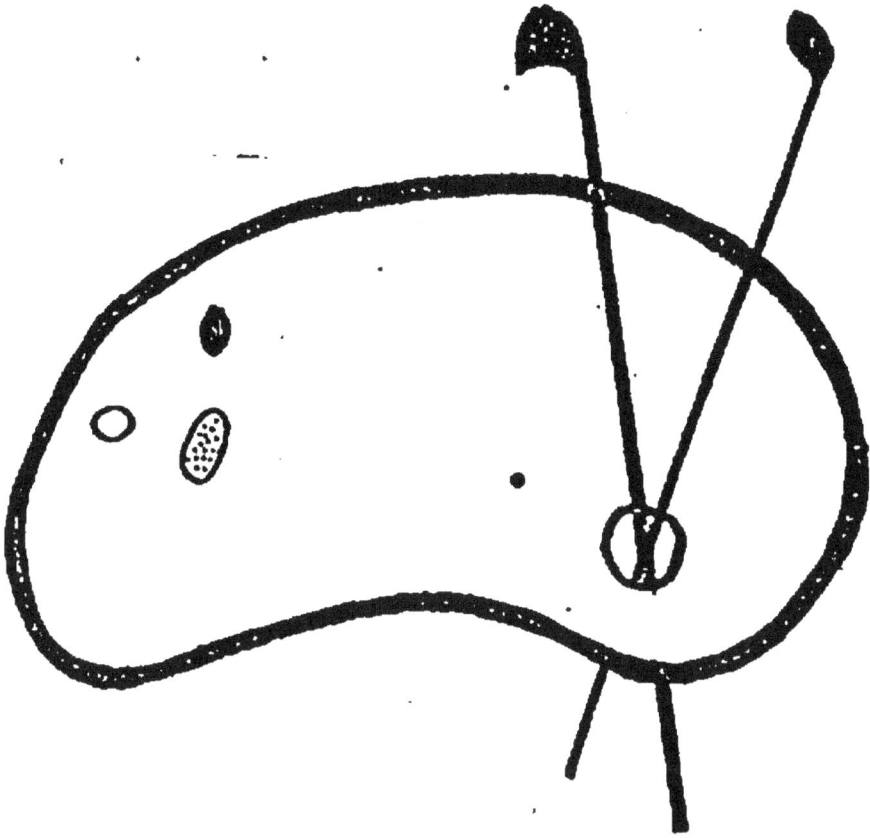

www.ingramcontent.com/pod-product-compliance
Lightning Source LLC
Chambersburg PA
CBHW062025200326
41519CB00017B/4932